U0597535

LOVE WARRIOR

永远不要
活在别人的世界里

［美］格伦农·多伊尔　著

王岑卉　译

新 星 出 版 社　NEW STAR PRESS

献给内心孤独漂泊的你

我毫不畏惧……这是我生来负有的使命。

——圣女贞德

媒体推荐

这是一场对脆弱和勇气的考验。莎士比亚说过"做真实的自己",格伦农向我们展示了这句话真正的含义。她深入内心,捕捉最鲜活的感受,用文字娓娓道来。每个体验过痛苦和羞愧的人,换句话来说,这个世界上的每一个人,都会对这本书产生共鸣。她将一切摊开,展现给世人,这显示了无与伦比的勇气。

——奥普拉·温弗瑞,美国脱口秀女王

这是一个关于自我探索的故事,极为引人入胜。坦诚,无畏,慷慨。

——《科克斯书评》

我一直很欣赏格伦农·多伊尔·梅尔顿的作品,欣赏其优美的文笔和坚定的使命感。在这本书里,她甚至超越了自己。她揭示了深刻的真相,展现出了世间罕见的情感力量,将其公之于众是一件难能可贵的事……这本书让人意犹未尽,如史诗般荡气回肠。梅尔顿确实成为了爱的战士。这本书拥有改变人生的力量,我很庆幸能读到它。

——伊丽莎白·吉尔伯特,畅销书作家
著有《一辈子做女孩》(*Eat, Pray, Love*)

这本书展现了生而为人的意义——爱与伤痛、上瘾与脆弱、亲密与感恩。《永远不要活在别人的世界里》让我震撼不已。通过格伦农极具感染力的文字,每个人都能找到自己的影子。能见证她的勇气和智慧,真是件幸运的事。我们需要这种坦率而真诚的作品，指引我们找到通往彼此的道路。

——布琳·布朗，《纽约时报》头号畅销书作者

著有《脆弱的力量》（*Rising Strong*）和《活出感性》（*Daring Greatly*）

我不配对这本书评头论足。它让人感动、充满智慧、风趣幽默、令人震惊、使人心碎、振奋人心——最重要的是，它提出了一个充满挑战意味的问题：一个人、一场婚姻、一个家庭、一段人生，是否存在其他的可能性？这个女人以令人不可思议的真诚和勇气，给出了漂亮的答卷。这对那些故步自封、认为人生只有一种活法的人来说，无疑是当头一棒。

——罗布·贝尔

著有《爱的胜利》（*Love Wins*）

这是一部优美感人的自传，讲述的不仅仅是一个女人的婚姻。格伦农展现的是我们每个人对爱的渴望，以及唯一能满足这种渴望的东西。她理解上帝之爱与夫妻之爱的独特关系，两者只要得其一，就能得其二。这本书真的棒极了。

——玛丽安·威廉森，《纽约时报》畅销书作家

著有《爱的回归》（*A Return to Love*）

当我读完《永远不要活在别人的世界里》最后一页，不禁潸然泪下。因为我感动至极，因为我还想继续读下去，因为它让我对爱、人性、宽恕、上帝和婚姻有了更深的感悟。格伦农和克雷格邀请我们深入他们的内心与生活，在那个混乱、艰难同时又无比美好的地方，我们得到了启迪。这本书可以改变人生，改变婚姻，改变我们思考和谈论爱的方式。

——肖娜·尼吉斯特，《纽约时报》畅销书作家

著有《接纳不完美》（*Present Over Perfect*）

目录

序幕

　　时间就快到了。我和爸爸站在白色长地毯的一端。地毯是早上才铺的，底下是刚刚修剪过的草坪。初秋和婚礼让克雷格童年的后院变了样。我双肩裸露，感到一丝寒意，便抬头朝天上望去，眯着眼睛，看见阳光、树叶和天空相互交融，化作蓝、绿、橙三色交织的万花筒。绿叶、即将和我步入婚姻殿堂的丈夫、身穿盛装出席婚礼的家人，还有我自己，都脱胎换骨，宛若新生。今天是新生之日。

　　我和爸爸在等待音乐响起。音乐奏响后，我们便能踏上那条看似很短、实则漫长的走道，朝克雷格走去。我望向他。他站在地毯尽头，年轻英俊，紧张不安。他调整了一下领带，双手先是在胸前紧握，接着揣进了兜里。过了一会儿，他又把手拿了出来，像士兵一样紧贴裤缝。他看上去是那么完美，我真希望现在就能走到他身边，握住那双不知该放哪儿的手。但我两只手都没空着，一只被爸爸握住，一只按在腹部。我是自己过去和未来的桥梁。当我望着克雷格的时候，宾客们都转过身来看我。他们的注视让我颇为尴尬——

我觉得自己像个骗子，像在冒充新娘。我眼睛上粘了假睫毛，头上戴着水钻头冠，脚底下像踩着高跷，婚纱的腰部勒得紧紧的。这身打扮不像是结婚，更像是演戏。但新娘就该是这个样子的。从拿定主意戒酒、做母亲的那一天起，我就一直试着变成自己该有的样子。

音乐响起，爸爸捏了捏我的手。我抬头盯着他的脸，他微笑着说："走吧，宝贝。"他让我挎着他的手臂，支撑起全身的重量。我向前走着，突然感到一阵晕眩，便望向妹妹。她身穿红色裙装，站在牧师身边，秀发盘起，腰杆挺直。她的坚定就像一股暖流，冲走了我的恐惧。如果说有谁能镇得住场面，那个人一定是她。她冲我微笑着，坚定无畏的目光仿佛在说："如果你继续前进，我会站在你身边；如果你转身离开，我会随你脚步，决不回头。姐姐，你想怎么做都没问题，有我呢。"从呱呱坠地的那一天起，她就一直这么告诉我："没问题，有我呢。"

我继续前进，直到地毯尽头。牧师问："谁代表女方？"爸爸回答："我和她妈妈。"然后把我的手交给克雷格，他接了过来。接着，爸爸退到一旁，我和克雷格面对面站好，握着对方颤抖的双手。我们的手都抖个不停。我盯着它们，想知道谁会先镇定下来。我们需要第三者帮忙。我望向妹妹，但此时的她也爱莫能助。没有第三者，这就是婚姻。

是时候交换婚誓了。我对克雷格说，他是上帝知晓我的存在和上帝爱我的证明。克雷格点点头，发誓会一辈子将我置于首位。我凝视着他的双眼，代表自己和我们的宝宝，接受了他的誓言。牧师说："现在我宣布，你们结为夫妇——梅尔顿先生和梅尔顿夫人。"就这样，我成为全新的人——梅尔顿夫人。我希望，凭借这个身份，自己能变得更好。我希望，自己能够变成她。这也是后院里每个人的心愿。

🌂

我打算写下自己的婚姻故事。第一次，我从婚礼写起，因为我以为那是婚姻的开端。但这大错特错了。

后面会再说回婚礼，还有婚后的种种波折。但现在，让我们从头说起。事实证明，那是唯一的选择。

第一章

我们假装穿着盔甲行走在人间

为了寻求独处、隐蔽、麻木和安全，贪食症成了我反复使用的方法。我不知该怎么跟现实世界相处，便为自己打造了这么一个世界。贪食症是我安全而隐蔽的避风港。在这里，只有我能伤害自己。在这里，我与世隔绝，舒心自在。

我被深爱着。如果爱能阻止伤痛，那我永远不会受苦。我的出生纪念册是真皮的，封面上印着"格伦农"，里面全是温柔的妈妈握着我粉嫩小手的照片，开头还有爸爸写的一首长诗：

啼哭

并非

最初的声响

那是宣告

一个奇迹的诞生

不可复制的

奇迹

降临人世

绫罗绸缎

童子女仆

使节贺礼

锣鼓喧天

为何都没出现？

难道不知

此间的大事？！

一位公主已然降临。

　　我被深爱着，我的女儿也是一样。然而，她九岁的时候，有一天坐在我床边，棕色的大眼睛直勾勾地盯着我，说："妈妈，我好胖。我比其他女孩都胖。为什么我跟别人不一样？我想变得瘦瘦的。"她咬牙切齿地说出这些话，仿佛她痛恨告诉我这件事，仿佛她羞于暴露这个秘密。我看着她的泪水、小辫、唇彩和手上的污渍（那是她在前院爬榕树留下的），一时竟找不出合适的话来回应。听到女儿说出"胖"这个字的语气，我对于身体、女性、力量、痛苦的了解全都变得毫无用处。听她的语气，仿佛"胖"是对她的诅咒，是无可辩驳的事实，是她的秘密，她的堕落。听她的语气，仿佛"胖"是注定要发生在她身上的事，会影响到她和整个世界的联系。

　　我女儿问的不是"我要怎么面对自己的身材"，而是"我作为这样一个人，要怎么在这个世界上生存？我怎么才能一直瘦瘦的，符合世界对我的期待？如果我继续变胖，别人怎么会爱我？"我看着女儿，没有说"但你看起来一点也不胖啊，宝贝"。她真的不胖，我也不胖。我这辈子从来没有胖过。但这不重要。我和女儿都关注"胖"这件事，都清楚世界对我们的期待。我们必须决定，是保持苗条乖巧、头脑简单，还是顺其自然地变成大嗓门、不安分的胖丫头。每个女孩都必须决定，是努力做自己，还是符合其他人的期待，是静待爱情降临，还是主动出击。此时此刻，坐在床边、扎着小辫、痛苦不堪的女儿，就是我自己——我曾经是这样的女孩，现在也是这样的女人。无论何时，我都在为这个问题纠结：我要怎么做才能坦诚而自由，同时又被人所爱？我是该做个淑女，还是做个完整的人？我是该信任身体的变化，任由自己长胖，还是该及时遏止，保持身材苗条？

☂

我四岁的时候，爸爸是镇上高中的橄榄球教练。如果晚上有比赛，妈妈就会给我穿上毛绒外套，戴上耳罩和手套。帮我穿戴整齐后，她会跪下来欣赏自己的杰作，开心地捧起我的脸，亲吻我的鼻子。接下来，我们一起给刚出生不久的妹妹阿曼达套上厚厚的冬装。阿曼达是上天的恩赐，我和妈妈会花一整天时间跟她玩换装游戏。等她打扮停当，我们就轮流凑上去亲她的脸颊，她则一边蹬着小腿，一边咯咯直笑，胳膊朝两边伸开，活像一只大海星。

我们一起钻进车里，向高中出发。在通往体育馆的路上，落叶在我们脚下窸窣作响。体育馆的台阶上到处是爆米花，鼓号队的鼓声震天，四周弥漫着热狗的香气，观众们的呐喊声弄得我头晕脑涨。场面一片混乱，但妈妈紧握着我藏在手套里的小手，领着我朝前走。检票口的女士把手搁在胸口，冲我们微笑："就是你们三个小可爱吧？快请进。"我们是教练的家属，所以不用买票。我和妈妈朝她们笑着道谢，然后走进观众席，走到照明灯下。看到我们来了，学生和家长不约而同地让出路来，恭恭敬敬地让我们通过。妈妈美貌出众，所以这种情况相当常见。人们出神地望着她，满心期望她会看向自己。她总会满足大家的期待，回应陌生人的注视，就像一位仁慈的女王。这就是为什么大家会盯着她看。他们会盯着看，是因为她很可爱。他们会盯着看，是因为她受人爱戴。我总是观察妈妈，也观察盯着她看的人。"多漂亮的小姑娘！"每天都有陌生人在妈妈面前夸我。我必须学习该怎么做，因为美是一种责任，人们似乎对它怀着很高的期待。

我儿时的美貌在照片中显露无遗——长至腰间的金棕色卷发，瓷器般白嫩的肌肤，笑得合不拢的小嘴，明亮的淡褐色眼睛。陌生人艳羡地望着我，我也练习回应他们的目光。我知道，美是善意，是给予。所以我试着慷慨大方。为了保持平衡，爸爸妈妈经常提醒我说，我很聪明。我很小就开始阅读，四岁的时候就能像成人一样跟人交谈。但不久我就意识到，智慧比美貌要复杂得多。经常有陌生人走到我身边，抚摸我的卷发，而一旦我自信而清晰地跟他们说话，他们便会瞪大眼睛倒退几步。他们被我的笑容吸引，却被我的大胆吓跑。我能感觉得到，他们只想夸夸我，可我硬是要让对方了解我。我开始意识到，美貌能给人温暖，智慧却会让人敬而远之。我还意识到，对于一个女孩来说，因为美貌被人所爱是不可靠的。多年以后，当我容颜老去，美貌不再，没有了蓬松的卷发和无瑕的肌肤，小巧、单纯和可爱都一去不返，那时的我还配不配给予爱，接受爱？失去美貌，就像从天堂坠落，会让我变成无用之人。如果我没能履行协议中自己那部分，全世界都会对我失望。没有了美貌，我还能用什么来给人温暖？

但眼下，我们三个都完美无缺。我们在观众席上为球队呐喊助威。比赛结束后，我会冲进场内，因为爸爸期待我的出现——他总是期待我出现。我从球员们的腿中间穿过，一头扑进爸爸怀里。爸爸会把我高高举过头顶，队员们则会给我们腾出地方。爸爸举着我转了一圈又一圈，直到体育馆的照明灯和观众融为一体，世界一片模糊。唯一清晰的，就是高举我的爸爸。他把我放下来以后，我定定神，看见妈妈正带着妹妹朝我们走来。她来到我们面前，将浑身的魅力展示给爸爸一个人看，所有的灯光加起来也不及她光彩照人。爸爸搂住她，然后亲亲海星宝宝的小脸。我们四个就像乱世中的一座孤岛。每次无论比赛输赢，赛后都会有这样的庆祝仪式。我们就是爸爸的战利品。接着，我们转过身，穿过人群——我们不再是一座孤岛，而是一支游行队伍。大家笑着对我们挥手，我们四个则手挽着手，一路高歌回到车里。

☂

十岁的时候，我总是试图躲在祖母客厅那张丝绒沙发的角落里。我的表兄弟们追逐打闹，屋里充满尖叫。因为是夏天，他们大多数穿着泳衣，跑动起来毫不费力。他们都苗条又轻巧，像水里的鱼儿一样，玩得开心极了。但要尽兴就得忘我，要合群就得有归属感，两者我都不具备，所以没法融入。我不是鱼儿，我又笨重，又孤独，又封闭，更像头鲸鱼。这就是为什么我只能深陷在沙发里，看着他们玩。

我刚吃完碗里的薯片，正嘬着指头上的残渣，有个姑姑经过，发现了我。她看了看我，又看了看其他孩子，问："你怎么不和他们一起玩呀，格伦农？"她注意到了我的不合群。我脸红了，说："我只想看看。"她和善地开了个玩笑："我喜欢你的眼影。"我抬手摸了摸脸，突然想起表姐卡伦早上给我涂的紫色眼影。从弗吉尼亚州开车前往俄亥俄州的路上，我一直兴奋极了，因为今年我将焕然一新。卡伦会给我化妆，把我变成像她一样的人——像她一样喷香，一样轻巧。她会把我重新变美。那天早上，我坐在卡伦屋里的地板上，身边堆满卷发钳和化妆品，准备接受大改造。她涂抹一通后，把镜子递给我。看见自己的样子，我心里一沉。虽然我的眼皮是紫色的，脸颊是粉色的，但整个人还是老样子，只是脸上多了一层表姐的化妆品而已。所以，姑姑的话更像是调侃，而不是称赞。我笑着说："正要把它洗掉呢。"说完，我放下碗，离开沙发。

我爬上楼梯，走进洗手间，锁上门，决定泡个澡。浴缸就是我的避难所。拧开水龙头，楼下的声音便模糊起来。浴缸装满后，我脱光衣服，爬进去，先在水上漂了一阵子，然后闭上眼睛，钻到水下。在水里，我睁开眼睛——水下的世界与世隔绝，那么静谧，那么安全。我的长发漂在肩膀周围，摸起来像绸缎一样滑。我把自己想象成住在水底的美人鱼。换气后，我再次沉入水下。水渐渐变凉了，于是我让水慢慢排光，看着自己的身体重新浮出水面。我觉得身体越来越沉，跟瓷浴缸贴得越来越紧，仿佛重力正成倍增加，仿佛我将被吸入地心。浴缸里只剩下几寸深的水了，我的大腿看起来又宽又胖。我想知道，世界上还有这么胖的女孩吗？还有觉得自己这么笨重的人吗？最后，水被完全排光了，我贴着浴缸底部，光着身子躺在那儿。人不可能永远藏在水下。我站起来，擦干身子，穿上衣服，走下楼梯，又从厨房盛了碗薯片，然后窝回沙发。

电视开着，我顺手换了个频道。电视里的女人大概比我大三十岁。她亲吻孩子道过晚安后，回到自己床上，睁着眼跟丈夫躺在一起，直到他酣然入睡。然后，她悄悄下床，走出卧室，来到厨房，从桌上拿起一本杂志。镜头缓缓推近杂志封面上骨瘦如柴的金发女郎。女人放下杂志，走到冰箱跟前，取出一桶冰激凌和一只大勺，狼吞虎咽地吃起来，一勺接一勺片刻不停，就像从来没吃过东西似的。我从没见过哪个人这么吃东西。我真想跟她一样，就像野兽一样。最终，女人脸上的表情从疯狂变成了空洞。她还在吃个不停，但已经变得像机器人一样呆板了。我看着她，觉得既羞愧又好笑——这不就是我吗？她打算藏在水下。吃完以后，她把包装扔进垃圾袋，走进洗手间，锁上门，对着马桶，把冰激凌吐了个干干净净。整个过程看上去痛苦极了，但她吐完以后，坐在地上，一脸解脱。我愣住了，心想，这不就是我一直缺少的东西吗——解脱。这既能让我隐身，又用不着变胖。这么一来，我就能一直藏在水下了。

接下来的几个月，我每天都大吃特吃，接着大吐特吐。每当我感到格格不入，觉得自己毫无价值，悲伤涌上来的时候，就拼命吃东西。这么一来，饱腹感就会取代悲伤。但它像悲伤一样令人难以忍受，所以我又把食物通通呕出去。再度降临的空洞感会比之前好一些，因为那是一种精疲力竭的空虚。我太疲倦、太狼狈、太虚弱了，没有力气去感受，只觉得轻松——头脑轻松，身体也轻松。于是，为了寻求独处、隐蔽、麻木和安全，贪食症成了我反复使用的方法。我不知该怎么跟现实世界相处，便为自己打造了这么一个世界。贪食症是我安全而隐蔽的避风港。在这里，只有我能伤害自己。在这里，我与世隔绝，舒心自在。在这里，我不需要压抑自己的食欲，身材又能一如既往地保持苗条。

🌂

但沉湎于贪食症是要付出代价的，代价便是我和妹妹的关系。在选择贪食症之前，我和妹妹分享一切。我们的东西不分彼此，连安全毯都是同一条。我们蜷在各自的小床上，我扯着毛毯的一头，她扯着另一头。很多年里，我们一直是这么睡的，毛毯将我们连在一起。一天晚上，她那头的毛毯掉到地上，我扯了过来，她再也没有要回去。她再也不需要安全毯了，她不像我这么害怕。

我妹妹有两条大长腿，轻盈自信地在世上行走。我跟不上她的脚步，所以我打造了贪食症的世界并住了进去。跟安全毯一样，贪食症是属于我的，她分享不了，因为她不需要。如果把我的人生轨迹绘制出来，你就会看见，我们的足迹最初是并排向前的，到了某一天，我突然一屁股坐在沙地上，再也不肯前进一步了。从她的足迹可以看出，她在同一个地方呆立了很多年，想弄明白为什么我不敢往前走了，为什么前一天我们还携手并进，第二天就分道扬镳了。

☂

十三岁的时候，我坐在爸爸车子的副驾驶座上。他眼睛盯着前方的道路，提起他和妈妈又在我屋里找到了不少杯子。每天晚上，我都会带两只杯子上床——一只装吃的，一只装呕吐物。我把它们藏在床底下，持续散发的恶臭提醒着每个人，我有点不对劲。爸爸妈妈越来越担心。他们带我看病吃药，甚至苦苦恳求，但都没有用。副驾驶座调得比爸爸还靠后，我坐在上面，觉得自己真是胖死了。我觉得自己比爸爸还臃肿，像个大树桩似的。我头发干枯发黄，满脸痘痘，疼得要命。我试图用化妆品遮掩，但现在棕色的液体顺着脖子缓缓滴下。爸爸喊我女儿，开车送我，这一点让我感到无比羞愧。我真想变回小小的，小到有人照顾，小到可以消失。但我已经不小了。我臃肿笨重，在车里占了这么大地方，在世界上占了这么多空间，实在是太惹人讨厌了。

爸爸说："我们爱你，格伦农。"我觉得很尴尬，因为这显然不是真的。于是，我盯着他说："我知道你在撒谎。怎么可能有人爱这张脸？瞧瞧我这副样子！"话刚一出口，我就意识到自己说了什么，还有自己说话时的样子。我想，格伦农，这场演出真教人尴尬。你发火的时候更丑了。我想知道，到底哪个声音才是我——是表达自身感受的，还是嘲笑自己的？我不知道什么才是真的，只知道自己不漂亮，任何人说爱我都是敷衍。爸爸被我脱口而出的话惊呆了，把车停在路边，开始对我说话。我不记得他说了些什么。

我熬过初中阶段，就像鲸鱼熬过马拉松——缓慢而痛苦，精疲力竭。后来，在升高中前的那个暑假，我的皮肤状况有所好转，又找到了能修饰体形的衣服。那年夏天，我悟到了一个道理：也许我研究鱼群已经够久，可以装作其中的一分子了。如果我穿上合适的衣服，露出更多的笑容，在适当的时候放声大笑，关注大姐头的指示，决不心慈手软，决不显得软弱，那些漂亮女孩也许能接受我。如果我装作冷静自信，她们也许会相信我。于是，每天早晨上学前，我都告诫自己：回家之前记得屏住呼吸。我昂首挺胸，微笑着走进校园，就像披上斗篷的超级英雄一样。在外人看来，我似乎终于找回自己了，其实并没有。

我发现，那个既坚忍又合群、顺利熬过高中阶段的家伙，不过是我的"分身"。派她出马，能保护真实的自己不受伤害。藏在她背后的我是安全的。所以，我和其他人一样，终于熬过去了。我在学校里咬牙坚持，回家后则靠暴饮暴食、大吐特吐寻求解脱。这套方法挺管用的。我跟其他女生混熟了，她们发现我知道一些她们不了解的事。最后，我发现男孩子也开始注意我了。在校园里跟他们擦身而过的时候，我试图传递这样的信息：我还单身呢，来找我玩吧。接着，我把自己这枚棋子落到棋盘上，等待玩家出现。作为一个小卒子，很快就有玩家对我感兴趣了。

☂

　　第一次性经历给我留下的印象是——骆驼牌香烟。高二有一天放学后，我躺在毕业班男友的床上，被他压得喘不过气，想知道这场翻云覆雨还有多久才能结束。他的便携式音箱放着老鹰乐队的《加州旅馆》，那首歌的前奏让我不寒而栗。男友在我身上抽动，就像个疯狂的巨婴。我环顾室内，发现梳妆台上有包骆驼牌香烟，上面搁着一只绿色的打火机。有那么一瞬间，打火机和香烟让我联想到身体纠缠在一起的我俩，不过是暂时相互利用而已。我知道，我就是那只打火机。最后，他终于停止抽动，静静地趴在我身上。《加州旅馆》的音乐继续流淌。我想知道，这首歌的长度是否也在传递着某种信息：人生不但恐怖无望，而且无比漫长。那天午后，他把我带进家里地下室的洗衣房，试图让我们的第一次与众不同。

　　高二暑假一个炎热的早晨，我跟好友去宠物店看小动物。她正考虑跟男友上床，问我做爱是什么感觉。我看着在笼里玩耍的几只小猫，有只小猫猛扑向旁边的猫抓板，便指着它说："性爱就像那样。我是猫抓板，乔一兴奋就扑上来。我的身体是他想玩的玩具，但他其实对我并不感兴趣。他虽然在抚摸我，却不是真的在抚摸我。做爱跟我这个人无关，只不过我刚好是他的女友，所以他就玩我的身体。我觉得这蛮幼稚的，就像小猫扑向猫抓板，小孩玩彼此的玩具，相互却不怎么搭理。但我发现了一个诀窍：把身体留在那里忍受，人可以悄悄溜走，想点别的事。"

我转过身直视好友："我对做爱没啥感觉，真的，只是身体在那儿，等着一切结束，人却飘在上面。但我觉得乔不知道，也不关心。"

她默默地盯着我。从她的表情可以看出，我一不小心说得太多了。说话的是那个不该开口的我，而不是我的分身。过了一会儿，她说："好奇怪，从电视上看着挺有趣的啊。"

"我知道，"我说，"跟电视上演的其实不太一样。至少对我来说不是。不过，管它呢，对吧？"她继续看小狗，我继续看小猫。当时我十六岁，希望世界重新变小——只有小猫、小狗和好友。

几个星期后，好友经历了第一次，打电话给我："我不知道你在说什么，那是世界上最棒的事。真是妙极了！"后来，我再也不跟别人聊性了。在男友和其他朋友面前，我只是装作对性感兴趣——"真是妙极了！"性、友谊、高中——这就是我。没错，真是妙极了。

☂

一个夏日的傍晚，我望着乔走上高台，从校长手里接过高中毕业证书。他和朋友们把学位帽抛上天空时，我靠墙站着，为能和他们一起庆祝而激动，尽管我只是作为一个微不足道的小角色。毕业典礼结束后，他开车送我回家，车里放着范海伦的音乐。我坐在副驾驶座上，被毕业的氛围深深感染。透过天窗，我仰望星空，觉得自己是如此自由，如此重要，如此幸运，如此强大。那天晚上，在乔的毕业派对上，父母送给他一件礼物：一盒避孕套。他妈妈意味深长地说，他马上要跟哥们去海边毕业旅行了，用得上这个。他哈哈大笑，家人也哈哈大笑。没有一个人朝我这边看，看我是不是在想，为什么男友外出旅行不带我却需要避孕套。我微微一笑，真有趣啊。避孕套！男孩嘛，你懂的。

　　乔跟我吻别，带着避孕套跟哥们去海边毕业旅行了。两天后，我从小学二年级就认识的男孩罗柏敲响了我家的门。我打开门，罗柏露出一丝不安的微笑，吞吞吐吐地说，他得告诉我一些事。他去了趟海滩，听说头天晚上乔是在牢里度过的，因为一个毕业班的女生指控他强奸。去海边旅行的每个人都在谈论这件事，所以罗柏想在流言四起之前亲口告诉我。他说，当天早上乔就被无罪释放了，因为受害者供词有"前后不一之处"。我向罗柏道了谢，送他回家，等乔回来。我问他强奸的事，他却哈哈大笑，说那是无稽之谈。我没跟他分手。我和朋友们对外一致宣称，指控乔强奸的女生喝醉了，既愚蠢又好妒，还是个撒谎精。我觉得没有人相信她撒谎，但也没有人承认这一点。我不知道这仅仅是因为我们不在乎，还是因为太过信奉主宰高中生活的潜规则——质疑和背叛其他女孩，维系跟校草的关系。几个星期后，我在妈妈健身房的更衣室里遇到了那个受害者。我们擦身而过时，我昂首阔步，她则低头含胸，挪开目光。我体会到了击败对手的刺激感，觉得自己取得了胜利。

接下来的一年里，我和乔继续听范海伦的音乐，继续饮酒作乐，继续在洗衣房做爱。最终和他分手时，我用不信任的目光打量着他，他则哭了起来。我心想，你哭什么啊？你失去什么宝贵的东西了吗？但我什么也没有说。我找了新的男友，新的地下室，同样的派对，不同的酒。我知道如何在夜晚隐藏自己，但在白天就没那么容易了。

☂

刚升入毕业班的时候，我中午排队打饭，手里端着餐盘，想找个空座，努力摆出一副若无其事的样子。蹬着这样的高跟鞋，怎么才能走过湿滑的地板？手里端着餐盘，怎么才能按住紧身裙不让它往上缩？灯光如此耀眼，怎么才能掩饰脸上的粉刺？在浑身大汗淋漓的时候，怎么才能看上去够酷？

这是我每天都会遇到的困境。成百上千的学生走进食堂时，都肩负着两项自相矛盾的任务——在最软弱的时刻显得强硬，同时找到地方吃饭。食堂就像小说《蝇王》里写的那样，想要生存下去，唯一的方式是隐藏软弱。我的软弱之处是我的需要——需要被人接受，也需要食物。在高中阶段，这些需要太现实了。所以，我站在原地，生怕那个真实、饥饿、大汗淋漓、充满需要的我会浮出水面，引来鲨鱼的围攻，真希望自己在排队打饭前就找好了座位。我看着周围的一张张脸，发现大家都在"自由"的海洋里快要窒息了。成年人在哪里？这里需要他们。

我耽搁得太久了，现在后面也排上了人，便假装发现有朋友在朝我挥手，装模作样地朝那个方向走去。最后，我在一群高不成低不就的高中生旁边找了个空位。坐这张桌子旁边的人不是最受欢迎的，但也不是太受排斥，所以跟我挺搭调。我坐下来，试图跟他们聊天，但那实在太难了。我觉得自己像暴露了一样。我可不想在大庭广众之下丢人，只想独自一人好好藏起来。因为紧张焦虑，我一下子吃太多了，穿紧身短裙可不能吃这么多。于是，我抛下餐盘，跌跌撞撞地冲出食堂，直奔我的避难所——洗手间的小隔间，但跑到洗手间门口，才发现那里正大排长龙。没有私人空间，我可没法"解决问题"。我急匆匆冲向楼道里的另一个洗手间，但里面挤满了补妆的、说笑的、八卦的、躲人的女生。第三个洗手间则暂停使用。肚里的食物向上翻涌，马上就要来不及了。我浑身大汗，心跳加速，眼睁睁看着自己脱下高跟鞋，在楼道里狂奔。大家都扭头盯着我，仿佛我是"楼道一景"。我看着他们盯着我，觉得内心有些东西破裂了。我没有继续找第四个洗手间，而是跑进了辅导员办公室。秘书问我有没有提前预约。我看着她，心想，像我这么绝望的人怎么可能提前预约啊？绝望又不是能提前计划的。如果你只帮助提前预约的孩子，就永远不可能帮到真正需要帮助的人。我没理她，径直推开办公室的大门，一屁股坐在辅导员面前。她从文件堆里抬起头，警惕地打量着我。

我说："我很累，很不舒服，觉得自己快死了。麻烦给我爸妈打电话。我需要上医院。我什么也做不了。我需要帮助。"

我不知道自己在说什么，不知道这是自杀威胁，还是要求被动观察。我想这是在为身体求医，因为我怀疑自己身体出毛病了。但从辅导员的眼神可以看出，她怀疑我是脑子出毛病了。她给我父母打了电话。当天下午，我就被送到了一个安置精神失常人士的地方。

☂

在精神病院的候诊室里，我和家人静静地望着护士。她在检查我的行李，看里面有没有可能用于自残的东西。她拿出我的剃刀和燕麦棒，略带歉意地笑了笑，装进写着我名字的密封袋。爸爸妈妈努力保持冷静，但我能看出他们心里在流泪。我也流泪了，但那是如释重负的泪水。我想，来吧，把所有恐怖的东西都拿走。是的，是的。别让我伤害自己。让我躲在这里。告诉我该怎么做，该怎么生活。是的，拿走，拿走，全部拿走。

妹妹也在旁边，瞪大双眼看着这一幕。她是那么困惑，那么害怕。我能看得出，她试着鼓起勇气，但没人知道在这种情况下怎么才算勇敢。把我留在这里算勇敢吗？还是帮我逃出去才算勇敢？没有人知道。护士让我和家人拥抱告别，我照做了。先是爸爸，再是妈妈，最后是妹妹，她浑身颤抖。我因为让她受这份苦而痛心不已，备感耻辱。我必须拼命克制，才不至于崩溃。我做了必须做的事——松开她，跟随护士走进一条阴冷、惨白、狭窄的走廊。家人站在门口，目送我远去。我停下脚步，转身望向他们。他们在阴冷、惨白、狭窄的走廊里簇拥在一起，看上去是那么渺小。这让我心中一阵恐慌。他们都留在原地，我却要独自前行。但只能这样了。他们是他们，我是我。我无法融入他们的世界，他们也无法——更不应该——跟我一起进入我的世界，他们不需要我。转过拐角，他们就彻底消失了。现在只剩下我，待在属于我的世界里。我走进自己的新房间，把包里的行李一件件掏出来。衣服底下压着一张纸，上面是妹妹的笔迹，是一段歌词：

如果你审视内心

会发现一位英雄

你无须害怕

真实的自己

我花了足足二十年的时间，才弄清当时十四岁的妹妹究竟想告诉我什么。她是唯一发现我的问题所在，并知道该如何解决的人。她是怎么办到的？

在精神病院里，每天早上起床后，我唯一要做的事就是刷牙。我不需要淋浴、更衣或化妆，因为在这里不需要戴上假面具。于是，我刷了牙，然后站在走廊上等待铃声响起，好跟其他病人一起排队领药。排队时我们不会聊天。每个人都满足于沉默不语。在这里，没有潜规则需要遵守，这让我全身放松，呼吸顺畅。吃完药后，我们开始接受团体治疗。大家都坐在指定的座位上，围成一圈，互相打量，讲述自己的故事。如果不想笑，我们就不用笑，而大多数人都不想笑。我们聚在这里，就是因为笑累了。

有一天，一个手臂上割痕累累的姑娘说："妈妈把我送到这里，是因为她说，没有人会相信我嘴里说出的任何一个字。"我看着她，想说：你的手臂说出了真相，难道她看不见吗？就像我在洗手间呕吐，也是在说出真相。大部分家属都认为病人撒谎成性，但我们一开始并不是这样的。我们一开始只会说真话。我们看见身边每个人都保持微笑，一遍遍重复："我很好！我很好！我很好！"我们没法跟别人一样伪装自己，只能说真话，那就是："事实上，我感觉很不好。"但没有人愿意接受真相，所以我们只好换其他方式表达。我们用尽了可以想到的方式——毒品、酒精、食物、金钱、手臂或身体其他部位。我们用行动说出真相，而不是用言语表达，于是生活变得一团糟。但说到底，我们只是想说出真相罢了。

我的室友名叫玛丽·玛格丽特，是个厌食症患者。由于没法跟妹妹说话，我暂时允许玛丽·玛格丽特取代她的位置。每天晚上，我们都会轻声聊天，一直聊到深夜。有天晚上熄灯后，我给玛格丽特讲了我曾祖父的故事。他是宾夕法尼亚州皮茨顿市的一名矿工。每天早上，曾祖母都会装好午饭，送他下矿井。那份工作相当危险，因为矿井里弥漫着无色而致命的有毒气体，人类的感觉不够灵敏，没有办法提前察觉。所以，他们有时会拎个鸟笼，带只金丝雀下井。金丝雀对有毒气体很敏感，可以用作安全警报。

只要有毒气体的浓度达到一定程度，金丝雀就会停止歌唱，这就是提醒矿工逃离的信号。如果矿工没有及时离开，金丝雀就会丧命。再过一会儿，人也会跟着丧命。

我对玛格丽特说，我觉得我们没有疯，只不过是金丝雀罢了。我问："有没有可能，我们并不是在胡思乱想，而是对真正的危险极其敏感？"我说，我认为世界上充满了有毒气体，而我和她生来就是能察觉的人。我告诉她，在世界上很多地方，金丝雀都大受欢迎。它们是巫师，是诗人，是圣人，但在这里不是。我说："我们是站在泰坦尼克号的船头，指着前面大喊'冰山'的人，但其他人只想继续跳舞。他们不想停下舞步，不想知道世界有毛病，所以认定我们才有毛病。我们停止歌唱的时候，他们不是去寻找新鲜空气，而是把我们关起来。这里就是他们关金丝雀的地方。"

我聊了一会儿金丝雀，玛格丽特一直没吭声，我还以为她在思考，但说完后转身一看，才发现她睡着了。我爬下床，走到她旁边，把被单往上扯了扯，盖住她单薄的身躯，又吻了吻她的额头。她只有六十来斤，看上去就像一只累到唱不动的小鸟。在那个瞬间，我真担心她是不是命不久矣。我怀疑，死亡将是玛丽·玛格丽特留给世界唯一的警告。我安慰自己，也许这里是矿井之外。也许在这小小的房间里，我们能免于有毒气体的侵害。

有天夜里，已经很晚了，我和玛格丽特写下誓言，承诺永远照顾彼此。我们都用蜡笔签了名，因为这儿不允许用铅笔。玛格丽特向我保证，绝不会把蜡笔吞下去。我说，也许她应该这么做。

我们都笑了。在这里，我们觉得足够安全，可以笑得出来。但等到离开的时候，我们的笑声就戛然而止了。

☂

如果能回到离开的那个早上，我会对爸爸妈妈说："我知道必须离开这儿，但我不想回那儿，不想回高中。那里有毒气体太浓了，我没法呼吸。"但我什么也没说。我向所有人保证，自己现在没事了。当时正好是返校节，我被投票选为毕业班的"模范领袖"。刚从精神病院出来，我就穿上漂亮的蓝色套装，坐在敞篷车里，向夹道欢迎的人群挥手致意。妈妈和外婆开车带我穿过人群，我能感觉到她们心中充满希望。全家人经历了那么多磨难，现在我终于重回正轨，受人崇拜，这对她们来说是种胜利。但我了解真相——人们只有先了解你，才能喜欢你，而欢呼的人群里没有一个是了解我的，他们只了解我的分身。这场胜利游行不是属于我，而是属于她。她才是那个挥手致意的人，我则是那个屏住呼吸、藏在水底的人。她才是明星，我只是精神病人。

我一边向大家挥手致意，一边思考自己获得的荣誉称号——"模范领袖"。这倒是说得通。我是个优秀的领导者，因为我擅于循规蹈矩。我知道高中校园里有两套规矩：一套是成年人宣扬的表面规则；一套是大家心照不宣的潜规则。潜规则才是真正起作用的，也是我无法抗拒的。潜规则说的是对女孩来说什么才是最重要的——苗条、漂亮、文静、坚忍，跟着最受欢迎的男生混，让每个人都注意到自己。性爱、饮酒和厌食症不过是高中女生遵守潜规则并从中获利的捷径。从童年到成年，从无形到有形，成功的女孩都需要塑造某种生活方式，而贪食症、酒精和性爱是最简便的工具。我的返校节荣誉称号就像在说：你在方方面面都遵守了潜规则。你牺牲了健康、身体和自尊，现在看上去棒极了。你没有用自己的感受或疑问搅乱这个世界。你保持了苗条，没有占用太多空间。你从不让真实的自己浮出水面，每当需要新鲜空气的时候，你就会静静离开，去远远的地方呼吸。我们从没见过你真实的样子。做得好！

☂

进入大学后，我又开始寻找可供藏身的鱼群，发现希腊人的生活方式挺适合自己。这场"战斗"既古老又新鲜。当然，规矩还是那些——苗条就是美，美就是权力，权力就是被男孩看中。不过，大学跟高中有个有趣的区别：大家普遍承认潜规则的存在。兄弟会成员时不时在专门用来办派对的房间里挂出条幅——肥婆免进。从十岁开始，我就知道"肥婆免进"这条潜规则，现在看见它被堂而皇之地挂出来，反倒松了一口气。由于男人不再掩饰潜规则，我们这些女人也不再忸忸怩怩。在我们姊妹会里，公开贪食症的女人实在太多，以至于某天下午贴出了公告："吐完记得冲马桶，不然到处是呕吐物，别人看见影响不好。"只要你记得冲马桶，贪食症根本不是个事。这充分展示了我们多有牺牲精神，多么遵守潜规则。你懂的，肥婆免进。大一放假期间，我严格遵照饮食标准，拼命锻炼，吃了就吐，一下子减了十四斤。我把头发漂成淡金色，买了一大堆紧身装，回去上大二，准备好了投身"战场"。这一回，很快就有人约我了。

　　我开始跟一个参加秘密兄弟会的男生约会。被这种出类拔萃的男生选中，是每个女孩的终极胜利。我骗过了每个人，让他们相信我是个很酷的人。我跟着男友到处混，兄弟会的男生也都很照顾我，允许我去任何想去的地方探秘。我再次成了圈内的人。每个周末，都有大群的女生在兄弟会的地下室外面排队，希望能抢到前排，尽快进去参加派对。门口的男生会上下打量每个女孩，看她的名字在不在"准入名单"上。当然了，女孩最终能不能进门，跟名字在不在"名单"上毫无关系。关键是她的长相和名声——要么特性感，要么特随便。能否进门完全取决于这两点。我现在常常会想，为什么我们要在那里排队等着？为什么我们不能在自己的地下室里喝酒跳舞？

　　由于男友的缘故，我可以跳过这道程序——跳过其他那些不够强大、不够苗条的女人。获准进入另一间阴暗的地下室意味着一切，而我做到了。在那里，我可以喝到酩酊大醉，被人扛上床，在毫无意识的情况下翻云覆雨。

　　那个兄弟会男生人很好。在校园生活之外，我们也彼此相爱。他家在中西部地区，假期时我会跑过去找他，整夜聊天说笑。在学校外面，我们可以变回活生生的人。他会写情诗给我，我们会一起挑选婚礼上要放的音乐——全是从我们最喜欢的昆汀·塔伦蒂诺的电影配乐里挑出来的。但回到学校，说"爱"就是种奢侈了。有天晚上，他在答录机上给我留了一段绵绵情话，但录音带被他哥们偷走了，还当着兄弟会全体成员的面放了出来。听见男友说出"我爱你"的时候，大家简直炸了锅，笑他是个娘炮。就这样，男友学会了扮演自己的角色，那就是把我关在地下室，而不是做个娘炮。我唯一的任务就是供人享用。在大学里，除了酒精、男人和陪男人喝得醉醺醺的，我没有其他任何追求。

但我有个"超能力"，那就是迅速"变身"。"变身"过程始于凌晨四点。每天这个时候，我酒已经醒得差不多，可以爬下床，开始新一轮的饮酒作乐。我会拎上一瓶啤酒，走进淋浴房，闭上眼睛，任水流冲刷身体，冲走头天晚上留下的污垢、爱痕和耻辱。然后，我擦干身体，准备好工具——吹风机、电夹板、化妆品、高跟鞋、小抹胸、超短裙，还有更多的啤酒——开始"脱胎换骨"地艰苦工作，把自己从一个病态而邋遢的女孩，变成一位身材苗条、光彩夺目、无懈可击的美人。我对这个过程备感骄傲，对自己非常满意。如果弄完后还有时间，我会再冲一次澡，再从头来一遍。全部搞定后，我会冲向地下室，跟男生们一直玩到深夜，睡在他们中间，跟他们比酒量，和他们一起吸可卡因。我严格按潜规则来，再一次取得了胜利。

十年后，我这位男友娶了个跟我关系不错的女孩。她说，丈夫花了很长时间才走出跟我的这段恋情。她说，有天晚上他们吵架，丈夫突然冷静下来。她问："你在想什么？"他回答："格伦农。她才不会在乎呢！"他妻子明白，这是他对一个女人的最高褒奖。

她也明白，这根本不是什么褒奖。任何一个不在乎的女人，都为了潜规则放弃了灵魂。没有哪个女人真的不在乎，没有哪个女人能如此冷静——她只是把怒火隐藏起来了。或许，她的内心深处正备受煎熬。

第二章

好想消失的日子

我觉得自己比普通人更爱身边的人。这份爱是如此沉重，如此恐怖，如此纠结，如此复杂，以至于我需要逃离。爱和生活对我的要求太多了，一切都让我感到痛苦。其他人竟然能背负这份痛苦活下去，我真不知道他们是怎么做到的。

大学毕业后，我对母校充满感激，但又心存疑虑。我搬回故乡，跟最要好的两个朋友丹娜和克里斯蒂一起在城里租了个房子。我找了份教书的工作，教三年级。虽然每天早上都要花一小时才能摆脱宿醉的影响，但我还算是个好老师。对学生的爱是我活在世上的救命稻草。每天下班后，这根救命稻草就会消失。我会从学校停车场开车直奔杂货店，买上两大瓶酒。一到家，我就开始大口喝酒，直到自己彻底麻木。我还是会暴饮暴食加大吐特吐，但酗酒和宿醉现在成了我的最爱。大多数时候，丹娜和克里斯蒂都会陪我一起喝，但我喝酒的方式跟她们不一样。她们喝酒是为了放松，我则是为了隐藏，而且几乎总能成功。大多数晚上，我都会喝得不省人事，醒来后要靠丹娜和克里斯蒂填补记忆空白。我说了什么？吃了什么？砸坏了什么？她们总会帮我记起来。我就像她们的帮扶对象。最终，我和兄弟会的男友分手了。我们私下里都担心对方的酗酒问题，但由于戒酒是不可想象的，这个问题并不值得提起。此外，事实证明，社会上的规矩跟校园里的不一样。我现在已经进入现实世界了，需要配个身体健康的成功男士。眼下这个阶段，这些东西可比"酷"重要多了，地下室派对的准入权已经毫无意义。我告诉他，现在是时候各走各的路了。他哭了。我的单身状态持续了两个星期。变回没人碰的小卒子，这种感觉既恐怖又陌生。

7月4日早上，我和丹娜走上华盛顿特区的街头，加入欢庆独立日的汹涌人潮。跟身边成千上万的其他人一样，我和丹娜醉眼惺忪，四处张望，期待有趣的事情发生。那天艳阳高照，没有地方可供遮阴，我们只好大汗淋漓地站在原地。我把烟蒂丢在路边，一脚踩灭，手搭凉棚，扫视人群。看见克雷格的时候，我的呼吸都要停止了。我记得那个男人！他高中比我高一届，简直高不可攀——他是个足球明星，拥有教练想要的一切素质。高中毕业后，他在大学里继续踢球，成了半职业球员。有小道消息说，他现在是个时装模特。他挺立在十字路口中央，看上去是那么自信，那么帅气。我敢肯定，小道消息是真的。

我又点了根烟，仔细打量他。他身材高大，强壮有力，一头浓密的黑发，结实的双臂环抱在胸前，凸显出线条优美的胸肌。我突然很想触摸他的上臂，感觉那温暖柔软的肌肤，再把自己的小手搭在他肩头，对比两者的尺寸、颜色和温度。看上去，他或许会允许我这么做。他明亮的双眼充满善意，晒成古铜色的肌肤光洁无瑕。每次他露出微笑，我都会跟着笑起来。他充满异国情调，极具诱惑力，但在无数陌生人当中，他又让我不禁想家。我们来自同一个地方，在同一个城市、同一所学校、同一间教室里长大。我认出了他。他身边有个美女说了些什么，惹得他哈哈大笑。我顿时妒火中烧。我需要站在他身边触摸他，让他露出笑容，要不然就再也不往那边看。现在这种"两头不靠"的处境让我无比煎熬。

等我放眼看去，发现克雷格其实正被美女环绕时，内心更加煎熬了。有四个女人把他团团围住，就像他是太阳，要靠他取暖似的。那几个女人都令人惊艳，身高至少一米八，素面朝天，长发披肩，一头迷人的大波浪，一笑就露出一口皓齿，都可以去拍牙膏广告了。一看见她们，我就傻眼了。有这样的美女在，我还试个什么劲啊？因为我太渴望触摸克雷格了，不禁开始观察这些女人的缺点。首先是她们的腿。八条大长腿结实修长，热裤短得夸张——不是风骚撩人的那种，而是便于运动的那种。可这群泡酒吧的姑娘跟运动毫不沾边，除非你把"投乒乓球输了喝啤酒"的比赛也算作运动。其次，她们喝的不是红色塑料杯里的啤酒，而是瓶装纯净水。泡酒吧的时候喝纯净水？

于是，我得出结论：这些女人只是装作泡酒吧的。她们也许本打算参加独立日沙滩排球比赛，不巧误打误撞走错了路，正等着她们的奥运教练或防晒霜赞助商来拯救呢。我希望她们赶紧消失，好让我不再想东想西，彻底忘掉还有这种美女存在。于是，我蠢蠢地捅了丹娜一下，指着克雷格问："记得他吗？"

丹娜顺着我指的方向看过去，发现了克雷格，顿时眼前一亮，提议走过去打个招呼。我说："不是吧，你没开玩笑吧？看看他！他那么帅，咱们又没醉到能找人家搭讪。再说了，看看那些女孩吧！不打招呼，决不！"

丹娜说："克雷格是我邻居。他是世界上最好说话的家伙。打招呼没你想的那么难。"

"打招呼不是问题，"我说，"问题是打完招呼以后说什么？求你了，算了吧。就待在这儿好好喝酒吧。一切都很完美，为什么偏要让那些可怕的人和事来打扰我们喝酒？"丹娜翻了个白眼，走开了。我眼睁睁地看着她穿过人群，走向克雷格，发现自己突然成了孤身一人。在拥挤的人群里孤身一人待着实在太可怕了，所以我只好"两害相权取其轻"，跟在她后面走了过去。克雷格注意到了我们，微笑着朝我们挥手。只有确信自己是每个女人心中白马王子的家伙，才会那样微笑和挥手。我敢打包票，旁边每个人都能听见我"扑通扑通"的心跳声。我迅速溜进他们那个圈子，紧紧贴着丹娜。旁边的美女全都比我高。我只好低头盯着鞋子，小口抿着啤酒。

克雷格拥抱了一下丹娜，然后朝我这边走来。我的恐惧程度一下子从黄色预警变成了红色警报。他一边微笑，一边用和善温柔的语气说："嗨，我记得你。格伦农，对吧？最近过得怎么样？"我大吃一惊。男人通常都用没正经的语气跟我搭讪，克雷格的直截了当让我有点不太自在。更令人不安的是，他直视我的脸，就像想跟真实的我交谈，而不是跟我的分身聊天，感觉像是过界了，像是侵犯隐私。我盯着他看了好一会儿，忽然听见丹娜说："小格，你还好吧？"没错！那是我。我是小格！我想起来了！但我不知该怎么回答克雷格的第二个问题：最近过得怎么样？为什么他一上来就要提这么难答的问题？我想找个答案，但唯一想到的却是：我的脸在白天看上去怎么样？我不知道。我不习惯留意细节，但细节却突然变得很重要。他直视我的时候，到底看到了什么？脸上的汗毛？充血的双眼？没挑干净的黑头粉刺？我不知道。我只知道，自己对这种"突击检查"毫无防备。这种轻松、亲密、真诚的对话发生得真不是时候，真不是地方。我得离开这儿。

我听见自己说："嗨，我挺好的。没错，我是格伦农。挺好的。你呢？丹娜，我得去趟洗手间。"丹娜瞪大眼睛，满脸困惑。我抓起她的手，朝克雷格和他的运动员朋友们扬起啤酒示意了一下，希望他们能理解成：再见！认识你们太棒了！我忙得很，是个大人物，现在得走了！祝你们的美貌和大长腿好运！继续以水代酒吧！祝你们的奥运梦早日实现！我拖着丹娜，穿过人群，远离克雷格，朝一家更加安全、人头攒动的酒吧走去。我回头瞥了一眼，发现克雷格还在看我。

好不容易挤进酒吧，我马上冲到吧台前点了两杯酒，把一杯递给丹娜。她盯着我看了一阵子，突然哈哈大笑："好吧，真可以。你很正常，格伦农。真是太正常了。"她干了那杯酒，猛地把杯子撂到吧台上，满脸困惑地说："其实我觉得他喜欢你。"我既觉得不可思议，又觉得确实如此。我对她说，那肯定是因为魅力出众、对答如流、身高过人、神志清醒。说罢，我们都大笑起来。这时我才发现，我有点后悔没跟克雷格多待一会儿。我喜欢站在他旁边，喜欢他看我时的感觉。那个时候，我很害怕，也很清醒。现在，我希望他能在我身边，玉树临风，自信满满，温柔和善。我希望他能搂着我，告诉我，我很棒，希望他能邀请我一起拍牙膏广告。那天接下来的时间，我都在跟路边没正经的醉汉聊天，心里想的却是克雷格，他的英俊、臂弯和温柔。

那天晚些时候，我又跟克雷格不期而遇。这次是在一家烟雾缭绕、灯光昏暗的小酒吧里。我欣慰地发现，克雷格终于不再喝白水，也不被奥运女孩围绕了。我现在信心爆棚。在朝克雷格走去的时候，我发现我俩的情况刚好反了过来。现在是克雷格离开刚刚结识的女孩，满面笑容，似乎对我有所期待。等到足够靠近的时候，我把手搁在他的臂膀上，目送那个女孩走开。我再也不紧张了。我在白天或许不知该怎么面对一个大帅哥，但在夜里却能应付自如。脸上的细节和问题的答案已经不再重要，我们都有肉体，这样就够了。我们跳了舞，然后克雷格问我愿不愿意"到他那里看看"。我当然愿意，因为十二小时前他第一次冲我微笑时，我就梦想能去他家。我们打车回他家，先见了他的一些哥们儿，然后就钻进了他的小天地。我什么也想不起来了，只记得第二天早上醒来时，发现这个我觉得高攀不上、但能给我带来家的感觉的男生就躺在自己身边。

我醒得比他早，所以有时间仔细端详他。他简直没有一处不完美。我又开始紧张了，这正是我努力避免的"打招呼以后"的部分。克雷格睁开眼睛，笑着把我搂进怀里。我说"早啊"，觉得自己太死板了。他微笑着说："你也早啊。"接下来，我们默认做爱是打破赤裸陌生人之间尴尬的唯一方式。那种感觉既奇怪又疏离，就像性爱一直以来给我的感觉。完事后，我们穿好衣服，他开车送我回家。第二天，第三天，他都给我打来电话。接下来的四个月里，我们没有一天晚上不是一起度过的。

跟克雷格在一起让我感觉良好，他的善良随和是我过去从未遇见过的。我问他，他究竟喜欢我哪一点，他说："你让我兴奋，而且你对我别无所求。我觉得你只在乎我。在你身边，我很快乐。"他这话没有恶意，却刺痛了我。我想说："我知道我让你感到快乐，因为我太擅长这么做了。但你看着我的时候，是不是只是把我当作一面镜子？你看到了什么你喜欢的东西呢？我希望你能关注我擅长的东西，而不是让你感觉良好的东西。你是高兴了，但我呢？你能帮我弄清自己的位置吗？"但我什么也没有说。我知道规矩。

离感恩节还有几天的时候，我发现自己怀孕了。该怎么处理这件事，我们心照不宣。克雷格把我带进了堕胎诊所。我们静静地坐着，翻看旧杂志，又变回了尴尬的陌生人。最后，克雷格侧过身来，低声问我："你还好吧？"

我点点头："嗯。我很好。真的，很好。"接下来，我们一句话也没有说。到前台付款的时候，克雷格掏出信用卡，我拦住他：

"别，我自己来。"我不是想让他置身事外，而是想自己处理这件事。我们还没习惯在餐厅里 AA 付账，更别说是堕胎了。一个绷着脸的护士喊了我的名字，我就跟她进去了。手术比我想象中要疼得多。

回到我和丹娜、克里斯蒂合租的地方，克雷格抢在我前面打开门，领我坐在沙发上，又帮我盖上毛毯。我们坐了几分钟，聊了些不相干的事。他说他哥们儿晚上有场派对，但他想陪我，不打算去参加。我想知道他提这个干什么，但我没问。相反，我说："你去吧，我没问题的。"我以为他会无视这个荒谬的提议。

然而，他却看着我，问："你确定？"

错误的问题，错误的答案。我感到肚子里一阵绞痛，但还是微笑着派出我的分身，对他说："真的没事，放心吧。我明天给你打电话。"

克雷格给我倒了杯水，亲了亲我的额头，然后就离开了。透过窗户，我看着他驾车离开，离开堕胎事件，离开这令人不舒服的一天，奔向轻松美好的夜生活。我孤独极了，竟开始耳鸣。我想开车随克雷格而去，但我不能这么做，因为在堕胎的同一天参加派对实在太不合时宜。我应该静静感伤，不该喝得酩酊大醉。所以，我安安静静地坐着，试图消磨时间。此时此刻，克雷格却自由自在，因为他无须被堕胎束缚，不知道这件事对我们俩都有影响。我第一次开始怀疑，或许克雷格终究不是完美无缺的。

我尽可能在沙发上坐稳，觉得没有比寂静更令人难以忍受的东西了。不过，我很快就不这么想了。楼上突然响起了音乐，把我惊出一身冷汗。我的心脏受不了了，整个人开始抓狂。过了一会儿，我才意识到，那是克里斯蒂的闹铃。又过了一会儿，我听出来，那是摇滚女星史蒂薇·妮克丝的歌。天哪，她的歌。她的歌比寂静还可怕，简直是噩梦！她的歌让我全身都疼，就像不打麻药就开刀一样。她的歌声和音乐真切而深刻，充满渴望，直击人心。但在这一天，或者这一辈子，我都无法忍受自己的心潮澎湃。我需要把这歌关了。我裹紧毛毯，踏上楼梯。毛毯老是绊脚，所以走到一半我索性开始爬。我冲进克里斯蒂的房间，只听见史蒂薇的歌声越来越响，越来越近，仿佛她就在我体内，提出那些可怕的问题。我能掌控自己生命的节奏吗？我找到闹钟，往墙上扔去，一切重归寂静。就这样，音乐停止了，一切化为乌有。谢天谢地。我躺在克里斯蒂屋里的地板上，盯着天花板，试图调整呼吸，让心跳慢下来。我捂着肚子，因为它疼得厉害，但至少比心痛好一些。现在好多了。我在那里躺了一分钟，心想，人不先喝醉怎么能听音乐？

　　音乐使人感受，寂静引人深思。谢谢，不用了，这两个我都不想要。我需要喝点酒。我需要音乐和寂静的反义词——酒精。我裹着毛毯，跌跌撞撞地走下楼梯，闯进厨房。发现厨房里只有三个空酒瓶的时候，我简直要疯了。不过，发现冰箱上面搁着一瓶威士忌之后，安全感瞬间回来了。我拉过椅子，爬上去，抓住酒瓶，迅速跳下来，然后走到桌边，倒出半杯，又兑了些已经放了好几个星期、气全跑光了的常温雪碧。我经常拿白水兑威士忌，有点担心这招不管用。但刚喝下第一口，我就发现它的味道又甜又冲，简直爽极了。威士忌的暖流进入口腔，顺着喉咙流进腹内。现在，我的五脏六腑也像是被毛毯裹住了，可以在轻轻的摇晃中入睡。我深吸了一口气，感觉身体不再痉挛，双手也不再颤抖了。我不再需要体外的毛毯，便让它滑到厨房地板上。我靠着桌子，继续倒酒，不到五分钟就喝掉了三杯。接下来，是我最喜欢的那个阶段——平静过后的风暴。我感觉整个人轻快起来。那个恐惧、焦虑、笨拙的我睡着了，另一个我苏醒了。她来了！我来了！强壮有力，无忧无虑，无懈可击。看看我，我对自己说，一切都糟透了，但我把事情搞定了，让情况好转了。我是个艺术家，用的媒介就是我自己。我再也不害怕了。

我把威士忌像舞伴似的搂在怀里，边微笑边旋转，踏着舞步回到客厅。我真真切切感受到了温暖，肉体上的疼痛也减轻了。这种感觉简直太棒了，比克雷格留下来陪我还好。我想起了他问我的第二个问题：想到我那里看看吗？我就在这里——醉醺醺的，孤身一人。这里没有痛苦，也不需要伪装，只有我自己。我想有什么感觉都行，因为我自己就是音乐。

两小时后，屋门开了。克里斯蒂和丹娜有说有笑地走进来，手上抱着装满杂货的牛皮纸袋。看见我的模样，她们的说笑声戛然而止。我独自一人躺在沙发上，周围烟雾缭绕，手里还攥着空酒瓶。从她们的表情不难看出，我的样子比平时还糟糕。我望着她们，哭了起来，因为我觉得此时此刻就该这么做。我需要为自己天还没黑就酩酊大醉、孤独无依找个借口，于是朝她们扬起酒瓶，像要找人干杯似的，说："今天我去堕胎了。"

我觉得自己是装作难过，而不是真的难过。我很想知道，自己看上去是不是惹人爱怜，就像玛丽莲·梦露一样。我打算高歌一曲《风中之烛》①，让丹娜和克里斯蒂一心只想拯救我。这一点非常重要。

丹娜把纸袋扔在门口，跑过来坐在沙发上，紧紧抱住我，跟我额头对额头："噢，小格……小格……"克里斯蒂站在原地看着我们，外套没脱，包也没放，看上去气坏了。不过这不是针对我的。她从来不针对我，她们永远站在我这边。克里斯蒂问："克雷格去哪儿了？他就把你一个人丢在这儿？"我说，这不是他的错，他不知道我有这么沮丧。"是我让他去的。"我说。

"我不管你是怎么跟他说的。这他妈是常识啊！这混蛋连点常识都没有。我要宰了他！我他妈一定要宰了他！"好吧，我想，这样挺好的。去生克雷格的气吧，别生我的气。别因为我去堕胎了而生我的气，也别问我为什么最后总会蜷在沙发上，抱着酒瓶，涕泪横流。只要坐下来陪我喝酒就好。坐下来陪我喝酒就好。她们也确实这么做了。直到今天，我们都是这么互相关爱，互相扶持的。她们买回的杂货就扔在门口，没人去收拾。我们举杯痛饮，直到黎明驱散黑夜。太阳出来以后，克里斯蒂给克雷格打了个电话，把他臭骂一顿。我想他是过来道歉了，但那也可能是我做的梦。我们几个都记不清了。毕竟，喝醉就是为了遗忘。

---

① 《风中之烛》原为英国乐坛常青树艾尔顿·约翰献给玛丽莲·梦露的歌，后经修改成为纪念戴安娜王妃的葬歌。

那一夜之后，我开始酗酒，甚至影响到了正常生活。我开始时不时翘班，账单被转寄给了父母，而且也不再往家里打电话。车坏了，我就把它丢在停车场。警察发现后，给我父母打了电话。爸爸妈妈问我是怎么回事，我撒了谎。爸爸去取我的车时，在手套箱里发现了酒驾的法院通知单。他跑到我工作的地方，告诉我他发现了那些通知单。他说，他当时又震惊又愤怒，马上跑去找了牧师。他去找牧师不是为了改变我，而是为了改变自己。他想做个不再试图改变女儿的父亲。这是我听过的最令人震惊的消息。爸爸去找牧师了？让牧师帮助他接受我酗酒？以后还有谁会试图改变我呢？我都把爸爸逼到这个份儿上了，他都开始祈求上帝的帮助了，而且是为了他自己！我开始担心了，因为爸爸为了不再担心我已经慌不择路了。他让我下班后回家聊聊。我说："行，我会去的。"但我没有去，而是出去喝了个烂醉如泥。

第二天早上，电话响了，连续响了一整天。傍晚，我在床上翻了个身，拿起听筒。是妈妈打来的，她听上去气坏了："快给我回来，格伦农。现在就回来。"她的声音又尖又恐怖。我爬起来，环顾四周，知道自己必须换身衣服。但我当时头晕脑涨的，弄不明白是怎么回事，就决定顺其自然了。我还穿着头天晚上的裙子，脚上蹬着十厘米的高跟鞋。这副打扮是很荒唐，但换衣服实在太麻烦，便摇摇晃晃地上了车，嚼了块口香糖，试图掩饰嘴里的烟味和酒味，完全靠自动驾驶仪开到了父母家。

爸爸妈妈在门口等着我。我垂头丧气地走进家里，为自己的穿着、气味和布满红血丝的眼睛而惭愧，为给这个窗明几净的地方带来这么多黑暗和污秽而惭愧。我在沙发上坐下，看见墙上挂满了自己上学时的照片。我盯着每张照片里的面孔，想从中找出蛛丝马迹，弄清自己到底哪里做错了。那是我上一年级、二年级、三年级时的模样——扎着小辫，面带微笑，但跟旁边妹妹的照片比起来，我显得有些悲伤。我当时为什么会悲伤？现在又为什么悲伤？我想知道，爸爸妈妈每天晚上坐在这里看新闻，想起过去和现在的我之时，会不会想到同样的问题。我们放弃了寻找解决方案，只想得到解释。

阳光透过大大的窗户照在我身上。我感觉一阵刺痛，便抬手遮眼。爸爸妈妈坐在对面的椅子上，看上去既难过又生气，而且非常无助。他们提的都是些常问的问题，妈妈的声音在颤抖：为什么你总是这么对我们？为什么你老是撒谎？你到底爱不爱我们？我坐在沙发上，试图接住他们投来的问题，活像个没戴手套的接球手。我脸色平静，但尚未彻底消失的良心在隐隐作痛。

我真的爱他们。我爱爸妈，爱妹妹，爱朋友。我觉得自己比普通人更爱身边的人。这份爱是如此沉重，如此恐怖，如此纠结，如此复杂，以至于我需要逃离。爱和生活对我的要求太多了，一切都让我感到痛苦。其他人竟然能背负这份痛苦活下去，我真不知道他们是怎么做到的。我可忍不了！我不得不用尽一切手段，让自己不再感到痛苦。但为了消除自己的痛苦，我伤害了其他人。

我要活下去，就意味着必须伤害身边的人。这不是因为我不爱他们，而恰恰是因为太爱他们了。我只能说"我真的爱你们"，但这句话听起来是那么虚伪，就像在撒谎。听我说出这句话，他们的表情丝毫没有缓和。

我坐在那里，盯着自己的手，忽然想起一则新闻。有个女人突然中风，一夜之间失去了语言能力。醒过来后，她神志清醒，却没法开口说话，只好躺在那里，试图用眼神表达被囚禁在自己的身体里有多恐怖。但家人无法理解她用眼神传递出的信息，以为她已经脑死亡了。我就是这个样子。我在这里面，在里面很好。我有话要说。我需要别人帮我走出困境。我真的爱你们。我的秘密是，这里面很好，我的心没有死。这是一个只有我自己知道的秘密。现在，连最爱我的人都厌倦寻找内在的我了。他们对我的苏醒不抱希望，正打算放弃治疗。因为就算我还活着，也不过是具行尸走肉。我没有中风，纯粹是自作自受，被囚禁在自己的身体里。但也许我根本没有藏在里面。也许他们看见的就是我，就是完完整整的我。

爸爸还在问："你到底想变成什么样的人，格伦农？你知道的，你不可能做个一米八零的金发芭比娃娃，对吧？在这个世界上，有你想成为的榜样吗？"我被这些问题弄蒙了。芭比娃娃跟我有什么关系？但我马上看见了自己漂染过的银发、小抹胸、塑形胸罩和高跟鞋。为什么我会变成这个样子？为什么我要穿成这样，连头发都不是原本的颜色？为什么我老想变得更高、更白、更瘦，喝得更醉？我不知该怎么回答。我希望能揭露什么可怕的童年秘密，这样就能有更合理的解释，他们就会为我感到难过了。我希望自己被人伤害过，这样就能说"这就是为什么"了。但我从来没有为自己沦落至此找到借口。因此，我打算回答那个关于榜样的问题。我轻声说："我想变得像妈妈一样。"这个答案让我觉得丢人。妈妈善良、美丽而真诚，我想变得像她一样，简直是可笑。但没有人笑。因为这话虽然不可思议，却是事实，是我的肺腑之言。我又不顾一切地说出了另一个事实，告诉他们我堕胎了。说出这句话的是外在的我，我的分身。这是一次操纵，一个借口。堕胎解释不了我过去十五年里的异常举动，所以其实我没有告诉他们任何真相，只是平添了他们的痛苦。爸爸妈妈垂下头，肩膀也塌了下去，却没有走过来搂住我，跟我抱头痛哭。我终于明白，他们已经对我失去希望了。

　　他们一同起身离开，把我留在可怕的寂静之中。我坐在那里，透过窗户看着八岁时爸爸给我建的彩色玩具木屋。我第一次进里面玩就发现了一只蜘蛛，后来再也没进去过。十几年来，它一直搁在后院，空置着，废弃着。现在，我看着玩具屋，觉得自己快要被痛苦压垮了。为什么我那么害怕进去玩？为什么我就不能接受别人的恩赐？

　　爸爸妈妈回来了。妈妈说："到此为止，格伦农。如果你继续酗酒，我们就跟你断绝关系。我们不能眼睁睁看着你害死自己或其他人。我们不能就这么被你毁掉。"妈妈一向是唱红脸的，这次把话说得这么重，无疑是给我敲响了警钟。我点了点头，知道这是一次危机干预。妈妈接着说，刚才他们给爸爸提过的牧师打电话了，牧师在等着我。所以，我得开车穿过全城，前往当地的天主教堂。我平时经常难过，但很少吃惊，这回却是大吃一惊。

对我来说，寻求上帝的帮助是件新鲜的事。除了每个星期去天主教堂参加礼拜，爸爸妈妈在家通常不会提起上帝。如果上帝成了我们手里仅剩的牌，那就意味着我确实陷入绝境了，祈求上帝显灵是爸爸妈妈最后的努力。我说："好吧，我会去的。"说罢，我就起身走出家门。我真的去了，因为他们会打电话确认的，至少我希望他们会打电话确认一下。我去了教堂，是因为觉得无论是克雷格、朋友还是父母，都无力拯救我。我已经无路可走，只能驶向上帝。

第三章

接受信仰的奇异恩典

一个女人不需要被再三提醒自己有多坏，只需要被提醒自己其实是好人。

天色已晚，我把车开得很慢，看见教堂的尖顶后，便转弯朝它驶去。我把车停在石子路旁，刚好在路灯底下，然后在车里坐了一会儿，试图理清自己的感受，确信自己得在牧师面前掉几滴眼泪。接着，我打开车门，走了出去，蹬着高跟鞋摇摇晃晃地走过石子路，边走边抚平凌乱的头发，抹掉浓重的眼线，拉长抹胸遮住肚皮。这套衣服我已经穿了一整天了。当终于来到教堂门口，抓住巨大的铜把手时，我发现自己在颤抖。从前天开始，我就没吃过一点东西。"我们不能眼睁睁看着你害死自己。"这是爸爸妈妈的原话。推开大门的时候，我心想，我又不是要害死自己，只是没有设法活下去，这两者肯定是有区别的。

　　我走进教堂的前厅，沉重的大门在身后阖上。那里面又冷又暗。我在原地站了几秒钟，等待着，但什么也没有发生，没有人上前迎接。我朝前方望去，看见有个房间，便推开玻璃门走了进去。屋里光线柔和，宁静温暖，空气里弥漫着香味，让我觉得不再空虚、孤独、渺小，而是充实而安全。我感觉自己被层层包裹着，就像摆脱了原有的生活，来到了更美好的所在。屋里既不太亮也不太暗，天花板既不高也不低，对我来说刚刚好，既有足够的空间享受自由，却又不至于自觉渺小。

看见圣坛前面有一盘蜡烛在闪烁，我便像新娘子一样，蹬着高跟鞋，沿着过道，摇摇晃晃地朝前走去。但刚走到一半，鞋跟就被地毯缠住，害我扭了脚。于是，我只好坐在地板上，把鞋子的系带一根根解开，然后拎着高跟鞋，赤脚踩在红色的天鹅绒地毯上。那柔软的触感从脚底一路蹿到头顶，带给我无比的安慰。这条地毯一定是为赤脚准备的。我继续往前走，直到站在蜡烛前面。它们是代表愿望吗？还是别人的祈祷？

我抬头向上望去，发现自己站在一幅巨大的壁画下面，画的是圣母马利亚怀抱圣子耶稣。我看着圣母马利亚，她也看着我。我的心脏不再乱跳，不再震颤，而是平静持久、富有节奏地跳动。它似乎占据了整个胸腔，但我一点也不觉得痛苦。所以，我没有停止与圣母马利亚的眼神交流。她通体明亮，我则沐浴在宽容、柔和的烛光中。她身着长袍，面部洁净，我却穿着小抹胸，蓬头垢面。但她不以为忤，因此我也无须遮掩。圣母马利亚不是人们想象中的样子，她和我是一样的。我知道，她爱我，一直在等待我。她是我的母亲，是毫不畏惧我的母亲。我坐在她面前，希望能永远待在这里，打着赤脚，在烛光的环绕下，永远跟圣母马利亚和她的宝宝待在一起。我不知道自己是不是信奉圣母马利亚，但此时此刻是的。她是真实的，也是我需要的。她就是我一直以来寻找的避难所。爸爸妈妈真把我送对地方了。

正当我凝视圣母马利亚的时候，身后有扇门开了。我转过身，看到一位牧师站在那儿。在那一瞬间，我有点害怕。我看得出，他在打量我的衣着、脸庞和赤脚时，努力不露出惊讶的表情。不过，他看上去还是挺惊讶的。他面带微笑，但不太自然，似乎已经对我厌烦和不满了。他说了声"嗨"，然后让我跟他走。我不想跟他走，只想跟圣母马利亚待在一起，因为她不会厌烦。我想告诉牧师，没关系，他可以走了，我已经找到自己需要的东西了。但我什么也没说，只是站起身，随他离开圣母马利亚的房间，走进一条狭窄昏暗的过道。过道里没铺地毯，我赤裸的双脚感到一阵寒意。他在一扇紧闭的大门前停下脚步，推门走进去。我觉得自己应该跟进去，但先得在门口把鞋穿上。似乎花了一辈子的时间，我才把系带全绑好。我的脸在发烧，只觉得恶心想吐。我真希望牧师说，别管鞋子了，光脚进来就行，但他只是杵在那里看着。

等我终于绑好鞋子，抬起头来，牧师指了指办公桌对面的椅子。我站起来，走过去，坐好。那是一张小塑料椅，他坐的则是大皮椅。我本想问他要条毯子盖，但忍住了，只是坐在椅子上望着他。牧师问我为什么要来，我先说了堕胎的事，接着为了给堕胎找理由，又说了酗酒和吸毒的事。我努力装出难过的样子，试图让嗓音颤抖起来，好让自己显得年轻又迷茫。我四分钟前刚刚露出水面，在这个人面前却想重新躲回水下。这是我的职责。我需要完成自己的职责，好让他完成他的职责，这样我们就两不相欠了。他靠在椅背上，双手交叠，听我诉说。我的整个讲述过程中，他的表情毫无变化，只是板着一张脸，显得非常严肃。这件事非常严肃。似乎在他看来最重要的一件事，就是让我意识到这一点。

我不喜欢屋里的一切。日光灯太刺眼了，我不想在这些人造光下展现自己、感受自己。屋里的温度也让我不舒服。牧师看着我发抖，我知道他觉得我是个骗子。我确实是个骗子，但同时也觉得冷。他穿着长袖长裤，领子竖得高高的，全身捂得严严实实，我却裸露着大片肌肤。我想回到圣母马利亚在的那个地方。在那里，我感觉温暖，被柔和、真实、宽恕的烛光环绕。

片刻之前，我还跟圣母马利亚在一起。她似乎能理解那种爱到深处的痛苦，那种痛苦只能靠酒精、贪食症和堕胎来逃避。现在，我却跟这个牧师在一起。这位上帝的代言人双手交叠，对这一切嗤之以鼻。上帝几分钟前还是一位慈母，现在却成了一名管理员。刚才我还蜷缩在上帝的子宫里，现在却坐在上帝的办公室里，等待听取他对我的惩罚。牧师依然双手交叠，开始说些奇怪的话："当你上天堂见到你的孩子时，他不会生你的气，只会在天堂门口耐心地等待你。你的孩子会原谅你。他会得到上帝全心全意的接纳，因为上帝不会因为父母的罪孽迁怒于孩子。"他用干巴巴的语气说出这些话，面无表情，就像在向我宣读米兰达权利[①]，仿佛这些话他已经说过上百次。这个男人怎么可能理解我和上帝之间的事，还有堕胎后发生的一切？他怎么可能理解年轻

---

① 米兰达权利，执法人员在审讯前对犯罪嫌疑人宣读的对方可行使的权利，即"你有权保持沉默，但你所说的一切都将成为呈堂证供……"

与不羁、善行与恶果、强硬与温柔、怀孕与恐惧？但圣母马利亚全都知道。

牧师终于快说完了："只要你愿意忏悔，你也能得到宽恕。"然后，他闭上了嘴。

显然，我现在该有所回应。我说："那好吧，我忏悔。我该从哪儿说起？该向谁道歉？向我的孩子？我的父母？克雷格？你？每个人？"我心想，他知不知道，我做的一切都是在道歉。道歉就是我的全部。抱歉，抱歉，抱歉我是这样子。我这辈子都在道歉，但什么也没变好。圣母马利亚全都知道，她能理解：一个女人不需要被再三提醒自己有多坏，只需要被提醒自己其实是好人。圣母马利亚没叫我忏悔，只让我休息。但坐在牧师的办公室里，我弄清了宗教是怎么运作的。我必须向他忏悔，才能跟圣母马利亚一起休息。我照他说的做了，道歉了。"我很抱歉，我想变好。"我说。牧师点点头，让我把一段话念上二十遍，说念完就能得到宽恕。

我点点头，猛然想起二十年前的往事。当时我在附近的泳池玩，排队买一美元一根的雪糕。有个高中生偷偷钻进雪糕车，从后面给大家免费发雪糕，小贩对身后发生的事浑然不知。我心想，牧师知不知道他在让我为宽恕付出代价的时候，圣母马利亚正在后面无偿给予？他肯定不知道，所以他坚持说想得到上帝的宽恕必须付出代价。我假装相信他，承诺会付出代价，其实却打算回圣母马利亚那里，接受她无偿给予的恩典。

牧师说我可以走了，我顿时觉得解放了。我只想回到那个满是烛光的房间，赤脚踩在温暖的地毯上，感受上帝的气息。我小声对牧师说："谢谢，非常感谢。"他把我打发走的样子，充分显示了对我的否定。对此，我毫不意外。让我感到意外的是圣母马利亚的肯定，我需要回到能得到肯定的地方。我找了个借口，踉踉跄跄地返回昏暗的过道，穿过玻璃门，沿着走廊，回到圣母马利亚身边。坐在蜡烛前面，我望着圣母马利亚和她的宝宝，想起据说教会允许无家可归的人睡在长椅上。我觉得自己已经无家可归了，想问问牧师能不能在这里过夜。但紧接着，我听见门又开了。那是我能想到的最令人痛苦的声音，比寂静还要糟糕，比音乐还要糟糕。这一次，我没有转过身去。牧师清了清嗓子，说我该离开了，他要锁门了。我想哭，但只是苦苦恳求："晚上要锁门？教堂为什么晚上要锁门？这是人们最需要上教堂的时候啊。"

他说："这里有很多贵重物品。"

"我知道，我知道有很多贵重物品。"我说。但他没听懂，所以我只好说："抱歉，我这就走。"然后，我起身走了出去，都没来得及跟圣母马利亚和她的宝宝道别。

在前厅里，我看见有盆圣水，便站在水盆前，把双手伸进去，让水没过手腕。接着，我推开沉重的大门，走进冰冷的寒夜，跌跌撞撞地回到车里。一坐回驾驶座，我就盯着自己的双手，开始舔手指上的圣水，想让它成为我的一部分。然后，我就发动车子回家了，一路上都在哭。我哭不是因为堕胎，不是因为父母，也不是因为酗酒，而是因为想跟圣母马利亚在一起。放声大哭的时候，我意识到这不是装出来的。我不是在表演，而是真的难过。我觉得难过，是那么真实。圣母马利亚看到了藏在内心深处的善良的我。有人看到了这一点，让我感觉善良的我是真实存在的。我真希望那个牧师不是教堂的负责人，真希望能亲手点一支蜡烛，真希望能让圣母马利亚记住我。

第四章

把人生想象成一段旅程

戒酒不是一蹴而就的，每一天在我看来都无比漫长。我告诉自己，我需要做正确的事，一步一个脚印。我把自己的人生想象成一段旅程，只有前一步走对，才能看到下一个台阶。

我滴酒不沾已经有两个星期了。我的戒酒策略是一刻也不停下来，使痛苦无处容身，以此来战胜酒瘾。我会加班到很晚，给学生安排额外的活动，调换家具的位置，拼命买鞋子，哪怕是看电视的时候，也会在客厅里来回走动。我靠忙不完的琐事熬过了白天，可太阳一落山，焦虑又降临了。克雷格带着不含酒精的啤酒来看我，希望帮我熬过夜晚。我们依偎在沙发上喝"酒"，感觉像是车开到半道就没油了。我们聊天很不自然，做爱也觉得尴尬。酒精能让我们进入同一个世界，但现在两个人却像生活在平行世界里。没了酒精，我们虽然人在一起，心却是孤零零的。

　　有一天晚上，克雷格坚持要带我去参加一个好友办的派对。我觉得这是个糟糕的提议，但为了避免孤独，最后还是去了。一踏进派对现场，我就像回到了高中时期。那时，我在低年级派对上会努力跟人保持距离。我不知该站在哪里，跟谁站在一起，也不知手该放在哪里，脸该朝向哪里。人们不断邀我喝酒，我不知该怎么回应。我看着他们饮酒作乐，肆意调情，只觉得一肚子火。

为什么他们都在笑？什么事那么好笑啊？我想不出有什么好笑的。我们干吗都站在这个房间里？我们过去十年里做的就是这些吗？就是站在这儿？我真弄不懂这到底有什么意思。然而，我还是无比渴望融入其中。我想重回他们的世界，却因为没有喝酒而回不去，只能待在角落里。我终于忍受不了这种尴尬无比、格格不入的状态，请克雷格送我回家。往外走的时候，我看着桌子上的伏特加、威士忌和朗姆酒，心想：我就在那儿。我的个性、勇气和幽默感就囚禁在那些酒瓶里，但却无法触及。我不在这儿，而在那儿。要是我不喜欢清醒的自己，清醒又有什么用？我开始在床底下藏伏特加，去任何地方之前都先偷喝几口。我告诉自己，喝酒不过是做准备。酒精不过是"变身"的工具，就像化妆品和吹风机一样，是我的分身在外界生存所需的盔甲。我不会再让她没做好准备就出门了。如果生活不想让我喝酒，那它就不该那么可怕。

当然，最后我又开始公开喝酒了。"其实我挺好的，"我告诉克雷格、克里斯蒂和丹娜，"我会控制酒量的。"他们什么也没说。他们什么也不需要说。过了不到一个星期，我又开始每晚喝到烂醉如泥了。每天下午，克雷格和两位好友都会告诉我，我头天晚上又做了些什么。听他们描述的时候，我脸上挂着笑，心中却备感羞愧。如果有一半时间发生的事连你自己都记不得，那它还算是你的生活吗？你真的经历了那些事吗？我又过了半年这样的生活，行尸走肉般的生活。那是我唯一能够忍受的生活状态。

五月的一天，我睡到中午才悠悠醒转，只觉得晕头转向，口干舌燥。翻过身去，才发现克雷格已经走了，在床边留了张字条："今晚给你电话！"我知道丹娜和克里斯蒂也走了，因为屋里很安静。这就是我们的区别：我们都喝酒，但两位好友和克雷格还会做其他事，我却不会。我除了喝酒，就是醒酒。在两者之间切换，已经用尽了我全部的力气。我起床下地，套上长裤和帽衫，裹上毯子，缓缓走下楼梯，抓起一瓶水和一罐花生酱，坐下来看电视。刚刚安顿下来，我闻到茶几上烟灰缸里的味道，突然觉得一阵恶心，赶紧冲向洗手间。接着，我跪在地板上，紧紧抱着马桶，心想只要吐出来就没事了。我的身体虚弱极了，在两次呕吐的间歇，还趴在马桶圈上休息了一会儿。等我觉得吐得差不多了，才一路扶着墙壁和家具，回到沙发那边。然而，恶心的感觉无休无止。两小时后，我还趴在马桶边呕吐，忽然想起头天晚上乳房裹在紧身胸衣里感觉胀胀的，就试着用手托了托胸。太大了，我心想，太沉了，太疼了。糟了，糟了，糟了，糟了。我又一次趴在了马桶圈上。

　　五点的时候，我终于缓过来一些，可以开车去药店了。我选了一款最便宜的验孕棒，又拿了一瓶治头疼的药片，低着头把它们推到收银员面前。回家后，我径直走进洗手间，往验孕棒上挤了几滴尿，然后把它放在洗手台上，坐在地板上静静等待。我背靠结结实实的墙壁，大腿紧贴着地板上的瓷砖，感到丝丝凉意。三分钟过后，我不想站起来，就扒着洗手池的边，身子往上蹿了蹿，伸手在台子上摸索，把验孕棒拿了下来。当时，我双眼紧闭，说什么也不愿睁眼，但没办法，最后还是睁眼了。验孕棒上有一道小小的蓝杠。说明书上写着，这就说明怀孕了。是的，你怀孕了。我怀孕了。

一开始，我只觉得干渴难耐，便扶墙站起来，因为没有玻璃杯，就弯腰凑着水龙头一口一口捧水喝，把水溅得满脸都是，还流进了上衣。很快，身上就湿透了。我重新坐下来，盯着验孕棒上的小蓝杠。接下来发生的事不像是一种决定，更像是一次发现。

坐在地板上，我突然意识到自己想留下这个宝宝。与此相伴的是潮水般涌来的羞耻感，甚至比上次堕胎时还要强烈。我低头看着自己颤抖的双手、脏兮兮的长裤、布满污垢的地板。我是个醉鬼，有贪食症，没法去爱一个孩子，因为我只会伤害挚爱。我没法教别人怎么生活，因为我自己就过得像行尸走肉一样。这个世界上没有一个人，包括我自己在内，会认为我有资格做母亲。然而，盯着验孕棒上的小蓝杠时，我无法否认，有一个人认为我有这个资格。有某个人，某样东西，发出了这份邀请函。刹那间，我感到了前所未有的真实——我是个空虚、孤独、上瘾的家伙，却仍然收到了邀请函。我想知道这位坚定的邀请者究竟是何方神圣。我想到了圣母马利亚和她的宝宝，想到了她对我的肯定，想到了她是怎么邀请我走近她的，想到了她是如何将恩典和宽恕无偿赐予世人的。脑海里闪过这句话时，我愣住了。无偿赐予众人。

或许宽恕是无偿的，是可以自行领取的，就连我这样的人也行。这个想法充斥着我的全身，包裹着我，说服了我。我决定选择接受。内心有个声音告诉我，上帝是存在的，上帝试图回应我，试图爱我，试图把我带回正轨。我决定信奉这个上帝，因为他信任我这种女孩。

我决定信奉的上帝，是洗手间地板上的上帝，是期待值低得出奇的上帝。这个上帝对醉倒在地、浑身污秽、充满恐惧的人微笑着说：你在这里呀。我一直在等你呢。你准备好跟我一起做些美好的事了吗？我看着小蓝杠，决定回答"好的"。我决定不再自怨自艾，接受这位邀请者。尽管这件事看起来有点荒谬，尽管我暂时还看不见曙光，但我决定尝试一下，提升自我，回应这份召唤。

是的，我的灵魂说，即使看到的全是反例，我还是会相信自己配做母亲。我打起精神，做好了准备。好的，我说，再次谢谢你。把这当作我的回应吧。此外，我还想找回自己的生活，成为一位母亲。接下来该怎么做？

我望着天花板，希望能看见上帝，但只看见了漏水的痕迹。我闭上眼睛，想起了圣母马利亚。她抱着自己的宝宝，微笑着，用坚定的眼神告诉我，没有人在生我的气，他们只是在等我说出"好的"。她说，是时候这么做了。然而，我既恐惧又迷茫。我太年轻，还没结婚，却怀了孕。我也是，马利亚说。我坐在地板上，突然想起今天是母亲节。就是今天了，顺其自然吧。

我感觉既温暖又平静，直到另一个不容置疑的事实缓缓浮出水面：留下这个孩子就意味着我得戒酒。天哪！这就是上帝和酒精的不同之处了！上帝对我们有所求。酒精能让人麻木，感觉不到痛苦，上帝则坚持认为，没有什么是不能治愈的。上帝只揭露真相，真相虽然能让你获得自由，一开始却会带来巨大的痛苦。对我来说，戒酒就像走向十字架。不过，这是必须付出的代价，是提升自我必须付出的代价。

我伸手推开洗手间的门，有气无力地爬向过道。我需要手机。我很害怕，因为过道又大又宽，空荡荡的，我需要有人陪。于是，我站起来，跑回屋里，抓起手机，又冲回小小的洗手间，锁上门，坐在瓷砖地板上，紧紧贴着墙壁，手里一直握着验孕棒，就是不肯撒手。它是我受到邀请的证明！我给妹妹打了个电话，刚响第二声她就接了。"小妹，我需要帮助。我需要好起来，但不知该怎么办。"

"你在哪？"她问。

"在我家洗手间地板上。"

"待在那别动，我半小时后就到。"

在我们的人生旅途中，这是妹妹的足迹重新与我并列的时刻。她比我领先太多太多，但只要听到她一直期待的那句话——"我需要帮助"——她便立刻转过身，飞速折返回来。她用最快的速度向我跑来，身后尘土飞扬，脸上泪流如注，跑回我近二十年前陷入流沙的地方。跑到以后，她弯下腰，抱住我的脑袋，扶我站起来。我的双腿软弱无力，她就拼命撑住。她从来没有问过原因，也没有让我道歉。她只是说："我来了。"

她在一所我从没进过的教堂门口停下车。我们爬上台阶，推开大门，经过牧师办公室和祭坛，径直走进地下室，那是人们聚会的地方。我推开另一扇门，在一圈人中间坐下来，那是我离开精神病院后遇到的第一群坦诚相待的人。他们看上去极为疲惫，脆弱不堪，但非常真实。在这里，大家全以真面目示人。聚会的时候，我能听出每个人说的都是真话。我什么也没说，但没有关系。在这里，我不需要假装遵守社会上的规矩。感谢上帝，在这里不用理会那些破玩意！这里的人都不打算继续伪装下去，都想要重新开始。跟他们在一起，我感到很安全。回家的路上，我告诉妹妹，我准备去找克雷格，告诉他孩子的事。她问要不要送我过去，我说："不用了，这件事我需要自己去做。是时候停止伪装，重新开始了。"

当天晚些时候，我坐在克雷格的床边，听他拼命列举我们的"备选方案"。我听到自己说："事实上，不管你是怎么想的，我都会留下这个孩子。"我想，这是我第一次说出"这是我想要的，所以我要这么做"，而不是问"你想要什么？你希望我怎么做？"这个转变让克雷格大吃一惊。他一下子站立不稳，不得不靠在墙上。我无法帮他度过这崩溃的瞬间，因为我自己也是竭尽全力才能稳住身子的。但我终究是稳住了。克雷格盯着我，就像从没见过我一样。我确实变了，焕然一新了。对我来说，所有的规矩都变了。

这个男人的感受不再是我优先考虑的东西。

于是，我们坐了下来。尽管身体彼此贴近，但由于这起意外事件，我们又变回了陌生人。我们两人都非常孤独，但以后再也不会孤独了。我决定停止自我毁灭，开始创造生命。我已经接受了邀请，再没有人能说服我，我不配做母亲。再也不会这样了！我已经收到邀请，也选择了接受，这就是我的最终决定。从现在开始，一旦我感觉到否定——无论是面部表情还是说话语气，无论是来自别人还是自己内心深处——我的反应都会是"去你的"。去你的，这就是我对恐惧、怀疑、羞愧和诸如此类的否定的回应。去你的，这是我现在唯一想说的话。这是我的护盾，我的祈祷，我的呐喊，是献给圣母马利亚的赞歌。

第二天晚上，我和克雷格一起去见我父母，告诉他们孩子的事。他们警惕起来，似乎准备大战一场。妈妈的目光越过克雷格，直视着我："你没必要跟他结婚，格伦农。我们可以一起抚养这个孩子。我们能做到的。"这是别人对我说过的最有勇气的话。接下来的谈话异常艰难。爸爸妈妈提出的一些问题，我们根本没有准备好答案。你们打算住在哪里？会结婚吗？我们还不知道呢。他们提出这些问题的时候，我们甚至不敢彼此对视。我们什么也不懂，觉得承认这一点实在太丢人了。

开车回家的路上，克雷格用过度的热情掩饰内心的恐慌。他说："我知道咱们该怎么办了！咱们各找一套公寓，我每个周末都来陪你和孩子，怎么样？"他既想过新生活，又想维持老样子。我能理解，但这行不通。我没那么需要他。或者说，我对他的需要比这多多了。我说："如果咱们先分手，这也许能行得通。咱们需要共同面对，或者干脆分开，但我不接受模棱两可。你需要做个决定，但我不想让愧疚感影响你做决定。你听过我父母是怎么说的了，他们会帮我，我和孩子都会好好的。"车在一个红灯前停了下来，克雷格转身看着我。他看上去非但没有释然，反倒是一脸受伤的表情。我实在摸不着头脑，我只是不想显得太依赖他罢了。他到底想不想我依赖他？我不知道，他也不知道。

我们决定先分开一段时间。他把我送回家后，我就上楼睡觉了。第二天早上出门时，我发现门上贴着一张卡片，上面写着"一切都会好起来的"。那是爸爸的笔迹，他肯定是半夜过来的。我相信他。

戒酒不是一蹴而就的，每一天在我看来都无比漫长。我告诉自己，我需要做正确的事，一步一个脚印。我把自己的人生想象成一段旅程，只有前一步走对，才能看到下一个台阶。每天早上醒来，我都会问自己：一个没喝醉、正常、成熟的人接下来会做什么？她会起床，叠被子，吃早餐，喝杯水，冲个澡，然后去上班。于是，我就按这个步骤做了，一步一个脚印。因为我在做正确的事，所以期待一切会有所好转。我突然意识到，不喝醉的生活是多么可怕，一下子被吓到了。头两个星期，我经常动摇，老犯酒瘾，特别想逃离自己。我被关在自己的身体里，关出了幽闭恐惧症。每件事都让我痛苦。我酷爱的麻木感消失了，时时刻刻都被提醒着，自己当初为什么要喝酒。不过，现在我不喝酒了，也不再暴饮暴食，不再大吐特吐，而是开始看育儿书。我把验孕棒放在床头，每天都要看那个小蓝杠好几次，确认自己没弄错。这是为了提醒自己，这份邀请函是真实存在的。

戒酒几个星期后的一个晚上，我躺在床上，目光在卧室角落的一堆 CD 上游走。接着，我起身走过去，在里面翻来翻去，直到找到蓝色少女乐队（Indigo Girls）的唱片，把它攥在手里，犹豫着要不要放出来。最终，我还是把它塞进了唱机，按下了"播放"键。然后，我躺回床上，等待音乐的折磨。她们的歌声响起，音乐总能带给我的那种熟悉的痛苦再度袭来。我屏住了呼吸，但很快发现，这次的痛苦跟以往不同。音乐通常会让我感到孤独和渴望，就像看着一张自己没有受邀参加的派对照片。但现在，我却沉浸其中，就像音乐是搭在两位主唱和我之间的桥梁一样，让我浑身舒坦。蓝色少女告诉我，就算感受太多、懂得太少也没关系。她们的意思是，我的悲伤老早就有了，又不是什么新东西。我连续听了好几小时，每首歌都让我的孤独感减轻了几分，让我和她们建立了一种既开放又私密的姐妹关系。渐渐地，我感觉有某种类似快乐的情绪在体内滋长，不知不觉中双脚也打起了拍子。伴着艾米和艾米丽的歌声，我开始在卧室里翩翩起舞。没有人旁观，所以这不是表演。我肆意舞动，旋转，旋转，只为了自己。

这成了我的习惯。我不再喝酒，而是每晚关上房门，与蓝色少女相伴。有时候我会翩翩起舞，但通常只是躺在床上，试着体会自己的感受。音乐是练习做人的安全场所。在一首歌的时间里，我可以打开全部感官，任由各种感受降临——快乐、希望、恐惧、愤怒，还有爱——再任其离去。歌声总有停歇的那一刻，而我每次都能挺过来。所以我知道，自己正在好转：我可以承受音乐之美了！我接受了另一份来自生活的危险邀请函——它邀请我去感受。

我的心做了它该做的事，于是，我开始想象自己的身体能做些什么。听音乐的时候，我会把手搁在越来越大的肚皮上。我感觉自己的大腿在变粗，乳房在膨胀，脸颊也越来越圆。我为此感谢上帝。这是我有生以来第一次希望变胖。我希望自己越胖越好，好护住我的宝宝。某些夜晚，当我像个普通的孕妇那样躺在床上慢慢长胖的时候，会想到克雷格此刻在做些什么。他在外面参加派对吗？还是他也躺在床上，思考如何回应这份邀请？

最后，克雷格终于打来电话，邀请我共进晚餐。他来接我的时候，我正守在窗前等待。望着他下车，我体内涌起了一股夹杂着爱意与释然的暖流。我可以自己搞定，但我不想这么做。我渴望梦想，渴望建立家庭。吃完晚餐后，他带我去他父母家。我们走到后院，克雷格领我绕过池塘，来到白色凉亭下的秋千旁。我坐在秋千上，他则单膝跪地，向我呈上一枚钻戒，浑身颤抖地问道："你愿意嫁给我吗？"当时，我真想知道，他究竟是害怕我拒绝，还是害怕我接受。当然，我接受了。克雷格的脸上立刻绽放出笑容。他把戒指套在我手上，起身坐到我身旁，握住我的手，和我一起凝视这枚钻戒。他告诉我，为了买钻戒，他清空了从中学就开始存的银行户头。他从十二岁开始就给爸爸修草坪，后来把业务拓展到了整个街区，每个月能挣二十美元。他把钱全都存了起来，以备日后不时之需。他说："那会儿我只是个孩子，根本不知道我是在为你和宝宝修草坪。"我看着他，心中充满爱意。我们走进他家，把钻戒秀给他妈妈看。她握住我的手，说钻戒很美，我也很美，接着拥抱了我们，又鼓起掌来。接着，我开车回父母家。当时已经很晚了，所以我自己开了门，上楼叫醒他们，然后坐在床沿，伸出手给他们看。他们看了看我，又看了看钻戒。我的眼睛和钻戒都清澈无比，闪闪发光，充满了希望。马上就要举行婚礼了，我将焕然一新。我已经准备好了，把过去的自己抛下，塞进箱子里藏起来。我们将开启一段全新的生活。

第五章

我们都一样，孤独又迷茫

如果你也曾对生活感到恐惧又迷茫，

如果你的人生不但恐怖无望，而且无比漫长。

那就让我们跟跟跄跄地受伤，跌跌撞撞地坚强。

现在，我要回到克雷格童年的后院了。我和爸爸并肩站在白色长地毯的一端，等着音乐响起，然后走向克雷格。我的鞋跟是那么高，肩膀几乎要跟爸爸齐平了。我粘着假睫毛，戴着水钻头冠，希望它们能分散大家的注意力，让他们不要关注我隆起的腹部。

　　爸爸握住我的手，转身面对我，说："你看起来跟我想象中一模一样。"我不知该怎么回答，因为这跟我想象中一点也不像。于是，我只好面带微笑，攥了攥他的手做回应。音乐奏响，爸爸陪我沿着地毯朝前走去，经过外婆和妈妈，经过丹娜和克里斯蒂，经过克雷格和我的叔叔婶婶。走到地毯尽头后，我听见牧师开口发问："谁代表女方？"爸爸答道："我和她妈妈。"我回头望向妈妈，她是那么年轻，那么漂亮。她跟我妹妹一样穿着红裙子，全神贯注地望着我，全身上下洋溢着对我的爱。她在保护我、支持我，即便此时此刻只能用眼神和手势来表达。她坐在她最好的朋友，也就是她妈妈、我外婆爱丽丝身旁。她们握着彼此的手。我真希望此时此刻跟她们脑海中描绘的一样。

爸爸把我的手交给了克雷格。我的手绝不可能被其他人碰到，根本就没时间。克雷格接过我的手。突然之间，只剩我们俩面对彼此了。我觉得很紧张，便转过头去，面向牧师，尽管我知道这么做还太早。克雷格看着我，也转过头去。我用余光打量他的脸庞，惊叹于他看上去如此年轻，就像小孩子在玩过家家。我想知道，克雷格看见我穿着裸肩礼服，粘着长长的假睫毛，戴着亮闪闪的水钻头冠，是不是也有同样的感觉。这个想法让我尴尬极了，赶紧挪开视线。我发现他的手在颤抖。他在害怕！我突然对每个人都产生了同情——我自己、克雷格、爸爸、妹妹、妈妈、外婆，还有牧师。我们也许还没准备好，但已经来这里了。我们是为彼此而来的。

牧师翻看讲稿的时候，我瞥向静静坐在白色长椅上的两家人。长椅是克雷格他爸爸为了这个日子特意找来，然后刷成白色的。他们微笑地看着我，脸上写满了希望和恐惧。我报以微笑，但屏住了呼吸。他们的希望、恐惧和漂亮的鞋子混在一起，突然让我有种不好的感觉。我再也分不清希望和恐惧了。我看不出他们是不是真的开心。这是个欢乐的场合吗？我们开心吗？我先是感到困惑，接着又觉得羞愧，因为新娘不该在婚礼当天觉得困惑。不过，紧张似乎还挺应景的，所以我继续紧张。我因为在自己的婚礼上无法跟任何人眼神交流而紧张。我转过身去，背对牧师，昂首挺胸。阳光照在脸上，我想象它们在赋予我勇气。我不知该把手放在哪里，就搁在肚子下面，紧紧握在一起。

我不再同情其他人，而是化作一棵大树。其他人都能心怀希望或恐惧，我却不然。我必须坚决果断，岿然不动。我要为肚子里的宝宝负责。只有拯救这个即将诞生并充分信任我的宝宝，我才能找回自己的生活。我不能被别人的感受干扰。我必须无所畏惧，像妈妈那样。

交换结婚誓词的时候到了。我告诉克雷格，他是上帝知晓我、信任我、爱着我的证明。其实，我指的是肚子里的宝宝。我们的宝宝才是证明。我还不知道克雷格对我来说意味着什么。克雷格接受了我的誓词，开始说他的。他把誓词背了下来，看上去就像在做承诺。他发誓将会一辈子把我置于首位。我凝视着他的双眼，代表自己和宝宝接受了这份承诺。他不能向我做出这些承诺，因为他还不清楚我到底是什么样的人。我戒酒才四个月而已。也许这就是为什么每个人都心怀希望，但又满怀恐惧。我听到牧师宣布了我的新名字，梅尔顿夫人。我想，过去没有人了解我，这已经不重要了，因为此时此刻我已获得新生。我不再是格伦农·多伊尔，而是梅尔顿夫人了。

仪式结束了。伴随 U2 乐队的名曲《美好的一天》（*Beautiful Day*），大家开始拍合影。庆典场地从克雷格家后院挪到了我父母家，中间只隔着六栋房子。我们在我父母家的客厅里伴着音乐起舞，歌是克雷格选的，合唱部分不断重复："你以为我离开你了，宝贝？你知道我不会这样。"我想，克雷格是不是想通过歌词告诉我，他不是选择了我，而是为了拯救我。或许这首歌是送给我们的宝宝的。或许我们婚礼上的浪漫歌曲其实是支摇篮曲。

我们向父母挥手告别，驱车前往位于华盛顿特区的高档酒店，开始度为期十二小时的蜜月。酒店前台说恭喜的时候，我觉得特别尴尬，就像我俩是冒充新婚夫妇似的。房间很棒，但我们都不知该在里面做些什么。于是，我找了个借口，说要换衣服。我试了三条裤子，总算找到一条能穿上的。新婚之夜有肚子里的宝宝做伴，让我感觉踏实了不少，就像我和克雷格两个人都靠不住似的。宝宝是我们的缓冲，我们的盾牌，我们的理由。我们去吃晚餐，试图聊点跟新婚之日相配的重要话题。我们俩都不是特别擅长交流，所以只是手牵手在华盛顿街头散步。我试图思考我俩的未来，但总想着"不喝酒怎么能算庆祝啊"。我们早早回到酒店，钻进被窝。我穿着姨妈送的孕妇新婚睡衣。这实在太奇怪了，我都不敢想象自己穿着它的模样。

　　克雷格开始吻我。我有点紧张，但同时充满崇敬，因为现在——有了婚约，戒了酒瘾，戴了婚戒——性爱会变得跟以前不一样，会变得神圣而有意义。我马上就要理解它的真实含义了。但克雷格爬到我身上的时候，我发觉自己在环顾四周，找东西让自己分心，就像我第一次和后来每一次做爱的时候一样。果不其然，我闭上眼睛，开始神游天外。事后，我只感到害怕。这一次本该有所不同的，但实际上却跟以前毫无区别。在一个本该与对方紧密相连的时刻，你却仍然感到孤独，这实在太恐怖了。这是人能感受到的最极致的孤独。

　　我翻过身，背对克雷格，抱住肚子。克雷格从背后搂住我，说他爱我。我说："我也爱你。"我们说的都是实话，我们确实彼此相爱，事情就该这样。很快，我就听见克雷格的呼吸节奏变了。他睡着了，我却无比清醒。我刚刚结婚，刚刚经历洞房之夜，躺在一个男人身旁，他的孩子在我体内生长。如果我现在还感到孤独，那就说明，我将永远孤独。如果婚姻根本不是全新的起点，那该怎么办？如果婚后生活只是过去的延续，那该怎么办？我担心，自己今天并没有焕然一新。如果我们根本没有改变，那该怎么办？

一切都会好起来的，我默默告诉我们三个。或许改变是缓慢的。我们终究会成长的。

第六章

孤独之前是迷茫，孤独之后是成长

生活总是让我们遍体鳞伤，可是后来，那些受过的伤终将长成我们最强壮的地方。

我们确实成长了，成长了许多。我和克雷格租了间公寓，我以电视广告里的好太太为榜样，努力学做家务。我按照一则广告买了十罐鸡汁，每天下午都给在工作的克雷格打电话，告诉他当天晚餐吃什么：今天晚上吃唐杜里鸡！明天晚上吃西南风味辣味鸡！克雷格从没问过能不能吃点别的，我也从没考虑过晚餐可以吃点别的。我会给克雷格装好工作午餐，塞进芝士条和盒装果汁，还有我和宝宝充满爱意的留言条。克雷格从来没有问过，为什么我准备的午餐活像是给幼儿园小朋友准备的。我也从来没有想过，电视里妈妈准备的午餐是给孩子的，而不是给丈夫的。每天早上，克雷格都会穿上西服，打好领带，和我吻别，从桌上拿走画着爱心的午餐袋。我会把他送到车子旁边，他上车后会再次跟我吻别。我挥手目送他离开，直到车子转过拐角，消失不见。我为我们俩感到骄傲。我们终于是成年人了！

　　周末，我们会装饰自己的小窝。我们把客厅的一面墙刷成了宝蓝色，喊它"主题墙"，显得自己有文化，又在宠物店里花一整天时间挑了一个水族箱，选了七条鱼，给它们分别起了名字。我们把水族箱摆在主题墙前面，让银色的小鱼在深蓝色的背景前面游来游去。每次有客人来，我们都会先带他们参观这里。"这是我们的主题墙，这些是我们的鱼！"带客人参观的时候，婴儿房总被留到最后。缓缓推开房门的时候，我们希望每个客人都会像我们一样屏住呼吸。

婴儿房总让我想踮起脚尖，轻声说话。克雷格的妈妈缝了泰迪熊窗帘，挡住窗外刺眼的阳光，让婴儿床置于柔和的光线下。每次我走进房间，都会被那道光吸引，忍不住停下脚步，盯着婴儿床看。我给小床铺了素色毯子，放上毛绒小绵羊，还有跟窗帘同款的泰迪熊床单。我想，不错，好妈妈的小宝宝就该睡在这样的婴儿床里。每天晚上教书归来，我都会在婴儿房里待上好几小时，拿出一堆婴儿服，把它们一件件铺开，放在灯下查看，然后贴在脸上，轻嗅它们的味道，再把它们叠得整整齐齐的，放回被克雷格漆成浅蓝色的衣柜里。

一天下午，我突然意识到，我从来没有从宝宝的角度看过这个房间。我从厨房搬来高脚凳，放在摇篮前面，踩在上面爬了进去。我的脚刚踩上小小的床垫，婴儿床就开始嘎吱作响，不过幸好没散架。我像婴儿一样蜷起身子，脸颊贴在床单上，用批判的眼光环顾整个房间。床单的香味让人心旷神怡，但我决定重新布置架子上的玩具，让宝宝一眼就能看到更多色彩鲜艳的东西。我费了老大的劲才爬出婴儿床，但由于用力过猛，某个地方传来了断裂声。我把宝宝的床弄坏了！我呜呜地哭了起来。克雷格听见断裂声和哭声，赶紧冲了过来。他站在门口愣了一会儿，搞不清为什么自己挺着大肚子的老婆会用这么危险的姿势趴在婴儿床的栏杆上。他跑到我旁边，把我抱下来。我俩先是大眼瞪小眼，然后，我开口了："我在书里读到过，我们需要试着从宝宝的角度看这个房间。"我没在书里读到过，但坚信有人写过类似的话，所以这不算撒谎。我盯着克雷格的脸，他在犹豫要不要提问题。最后，他说："你已经是个很棒的妈妈了。我会把婴儿床修好的，放心吧。从里面看起来怎么样？"

☂

我躺在医院的诊察床上，克雷格握着我的手，紧盯电脑显示屏，试图弄清超声波图像意味着什么。技术员说的第一句话是："好吧，是个男孩。"

我看着克雷格。他说："男孩？也就是说，这是个实实在在的人？"我哈哈大笑。难以置信，一切都令人难以置信。我只想欢呼雀跃，但技术员还是板着一张脸，这无疑给我激动的内心浇了盆冷水。她是那么冷漠，起初我有点生气——到底是怎么回事啊？她怎么一点不开心？难道她看不见，一位王子即将诞生？——但当我凑近了看她的脸，才开始觉得害怕。她沉默而克制，回避我的目光。她完成了自己的任务，叫我们等医生过来，说罢就离开了昏暗的房间。我和克雷格都没有说话。

不久，医生进来告诉我们，我们宝宝的大脑里有个囊肿，心脏上有块亮斑，脖子也特别肿大。他说这些是"典型的染色体问题"。他阴沉着脸，表情冷酷，似乎对我们有所不满。我不知道他指的是什么，所以我的理解是，宝宝要死了，全是我的错。这下就说得通了！我不可能天天酗酒，又去堕胎，结果却生下健康的宝宝，坐在地上轻嗅婴儿服，永远幸福地生活下去。事实上，我的宝宝要死了。我完全是活该。我一度以为能逃过去，能获得幸福，这种幻想简直太丢人了。重获新生是不可能的，一切都会是老样子。

我听见自己说："我的宝宝会死吗？"

"不，"医生说，"但他很可能有唐氏综合征。"我又能呼吸了。我的宝宝能活下去！我阖上了眼睛。

克雷格问："亲爱的，你还好吗？"

"我挺好，"我说，"给我点时间。"我试着想象一个患有唐氏综合征的小男孩，一半像我，一半像克雷格，会长成什么样子。我试着想象儿子的模样。他两岁时的模样浮现在我眼前，就像上天的馈赠。他有双大大的杏眼，橄榄色的皮肤，结实的双腿，咯咯笑着从我身旁跑开，但我追上他，一把将他搂在怀里，鼻子埋进他的颈窝。我们都笑个不停。我们都很美。这个念头像毛毯一样紧紧包裹着我。

我睁开眼睛，露出微笑，医生却仍然一脸严肃。我不喜欢他，希望他不要再装作能控制我们的感受，希望他不要因为发现我儿子有一点点小毛病，就觉得这是个坏消息。那不是我儿子的全部，我希望儿子是他该有的样子。我望向克雷格，发现他的眼神里既有恐惧，也有释然，但显然也恨不得宰了那个医生。克雷格弯下腰，对我轻声耳语："我们赶紧离开这儿吧。"没错，赶紧离开这儿。我告诉医生，我要换衣服了。他说了些关于进一步检查的事，我们道谢后就离开了。

回家的路上，我们在一家图书馆门口停下来。图书馆里有一排关于特殊需求的书架，我们找了几本讲唐氏综合征的书，然后抱着一摞书，坐在地板上读了一小时。这排书架，这排关于特殊需求的书架，成了我们的落脚点。我们了解到，医生提到的"进一步检查"名叫羊膜穿刺术，有几百分之一的概率会导致妊娠终止。我坐着思考了一会儿，另一幅图像浮现在脑海里——游乐场的过山车入口处贴着警告牌：警告：每几百人里便有一个因此丧生。我跟克雷格说了这个，我们很快便一致同意，绝对不能让蔡斯（我们已经给儿子起了名字）坐过山车，绝对不能再做进一步检查了。我对克雷格说："我们刚刚为蔡斯做了一个决定。我们已经共同为人父母了。我们这是在为人父母！"

克雷格说："这是我这辈子最古怪、最可怕，但也最酷的一天。"

我们肩并肩坐着，背靠一排育儿书，沉默地注视虚空，就这么待了好一会儿。有些事情已经尘埃落定。在那间诊室里，我们两个之间发生了一些事。我们的命运已经彼此纠缠。

我们开始意识到，共同为人父母，就是有一天你朝上看去，突然意识到自己跟另一个人一起坐在过山车上。你们肩并肩坐在同一辆车上，都被紧紧拴在座椅上，永远下不来了。余生所有的时间，你们无时无刻不在一起上升，一起下降，一起揪心，一起恐惧，一起难过。当你们看见远处的高山时，会同时紧紧攥住扶手。在这段冒险之旅中，没有人会指望跟自己拴在一起的那个人能理解你的紧张和恐惧。

我们把书放了回去，因为我们没有借书证。生孩子是一回事，办借书证则是另外一回事。走到外面的阳光下后，克雷格说："一切都会好起来，是吧？他会没事的，对吧？"我看着他，意识到，当跟你一起坐过山车的伙伴害怕的时候，你得赶紧把自己的恐惧隐藏起来。绝对不能两个人同时陷入恐慌，只能轮流来。我紧紧攥住他的胳膊，说："对，肯定啊。一切都会好起来的。他会没事的。这只是我们人生旅途中的一小段。"我笑了起来，不是因为不害怕，而是因为真真切切感觉到了幸福，实实在在的幸福。

我足足长了五十多斤，因为肚子里的宝宝爱吃巧克力饼干和冰激凌。在我看来，每天为他提供这些美食是天经地义的。我身高只有一米五八，所以现在肥得像个球。大多数时候，我都是个快乐的肥球，但每隔一阵子，我都会怀疑自己的贪食症其实没治好，结果成了个半吊子——光是暴饮暴食，却不大吐特吐。克雷格告诉我，我每天看上去都棒极了。他会说："你简直光彩照人！"他买了个类似收音机的小玩意儿，搁在我的肚皮上，每天晚饭后对着它念儿童故事。然后，我们会一起躺在沙发上，相互依偎着看电视。插播广告的时候，克雷格会抚摸着我的大肚子，连声感叹："真不敢相信里面有个孩子。我们造了个人。真不敢相信！"我也不敢相信，但这是事实。

一月的一个雪夜，我和克雷格躺在床上，宫缩突然开始了。我死死攥住克雷格的胳膊，双目圆睁。他从床上蹦起来，用上了在产前课程上学到的呼吸技巧。克雷格想赶紧把我扶上车，我却坚持要先冲个澡，吹个头发，再化个妆。我的宝宝马上就要第一次见到妈妈了，我希望他认为妈妈很美。最后，我们终于上了车，朝医院开去。克雷格完全慌了手脚，一边紧盯着路面，一边不停念叨："马上就到了，亲爱的。马上就到机场了。"宫缩的阵痛已经让我疼得说不出话了，所以我只能暗暗祈祷，克雷格可别真开去机场。等到我们手忙脚乱地冲进候诊室，我已经疼得尖叫了，但用上呼吸技巧的还是只有克雷格一个人。一个护士从玻璃门那边冲出来接我们，看上去似乎对我的情况挺担心。她盯着克雷格问："她这个样子有多久了？"

克雷格脱口而出："九个月了。"起初，我以为他是会错意了，但后来又觉得也许不是。我被迅速推进了分娩室。仪器的哔哔声和周围的实习医生让克雷格镇定下来，摇身一变成了完美伴侣。他给我揉腿，亲吻我的额头，努力保持冷静——直到他们把我翻过来打麻醉。我双眼紧闭，攥住克雷格大汗淋漓的双手，只听他喃喃自语："老天啊！这么粗的针我还是头一次见！"接下来是一阵沉默。我睁开眼睛，刚好看见护士瞪了他一眼，难以置信地摇摇头，比了个"哇哦"的口型。我仰起脑袋，大声对他说："没错，亲爱的。哇哦。"

麻药开始发挥效果之后，我爸妈和妹妹也冲进了分娩室。我们紧紧攥着彼此的手。我叫他们去我包里找写给他们的信，那是感谢他们相信我的致谢信。我在信中保证，他们这次相信我绝对是个正确选择。妹妹和爸爸找到了信，一起去外面等着了，妈妈则留下来握住我的手。我能看得出，她想通过手臂把每一分希望和力量都传给我。她眼中噙满泪水，嘴唇不住地颤抖，轻声说："上帝保佑你，小甜心。"

这是她第一次对我说这样的话，我心里既激动又害怕。接着，她也出去了。我开始盯着克雷格，一次又一次用力。最后，蔡斯·多伊尔·梅尔顿终于呱呱落地了。护士把他抱走之前，我看见了他的后背。他浑身发紫，一声没吭。我的心跳都要停止了，忍不住问："他怎么不哭啊？"没人回答。我意识到，这是上帝对我的惩罚。是时候了！"他怎么就不哭啊？"我声嘶力竭地大喊。蔡斯开始哇哇大哭。

"他没事，亲爱的，"克雷格说，"他没事，他很好。"克雷格也哭了。此时此刻，我们哭作一团。护士把蔡斯裹在毛毯里，递给我。抱住他的那一刻，是我这辈子第一次觉得自己不在演戏。看见他蜷在臂弯里，我心中只有一个念头：哦，原来手臂是用来做这个的。那一刻，我忘记了孤独。我是这个宝宝的妈妈。他是我的，我也是他的。他是我一辈子都在期待的钥匙。我的心锁被打开了。我和蔡斯属于彼此。

蔡斯出生几小时后，某个我不认识的医生过来给他做检查。

我不情愿地把蔡斯交到他手里，认真地盯着大夫的脸看。几分钟后，他把蔡斯交还给我，说："你儿子很健康。恭喜你，新妈妈。"

他转身离开时，我喊了一声："只有一个问题——他有唐氏综合征吗？"

医生回过头，扬起眉毛："没有。如果有的话，我通常一上来就会说的。"我低下头，注视着蔡斯。刚开始，我因为他跟我想象的有所不同而略感失落，但很快就为他现在的样子而欣喜万分了。他一直是这样的男孩，杏眼圆睁、双腿结实、边笑边跑的男孩。他是我儿子。十几年的酗酒经历让我相信自己不配做妈妈。我成为成年人才刚刚八个月，但现在是蔡斯的妈妈了。我望着他粉嘟嘟的小嘴，心想，我不再是行尸走肉，而是个活生生的人了。而你，我的小宝宝，带我走进了这个世界。

两天后的早上，护士往病房里瞄了一眼，唱出一段旋律："梅尔顿一家，该回家喽。"起初，我以为她搞错了。家里没有医生，没有仪器，也没有高科技的体温计，不是孩子该待的地方。克雷格捏了捏我的手，说："你和我，亲爱的，咱俩搞得定。"显然，这句话他练过很多遍，一下子就把我打动了。我给蔡斯穿上回家的衣服，然后慢慢挪进洗手间，准备换上新衣服，迎接新生活。我拿出怀孕前最时髦的牛仔裤，却发现怎么也套不进去。但我两天前已经生完孩子了呀，我想。可能得花一个星期才能恢复吧。我重新穿上孕妇装，走出洗手间，骗克雷格说："一切搞定，我准备好了。"

我抱着蔡斯坐上轮椅，护士把我们推向门口，克雷格则拎包跟在后面。自动门一打开，寒风就扑面而来。克雷格赶紧拥着我们上车。我迅速给蔡斯系好安全带，坐在他旁边。此时此刻，克雷格也坐在驾驶座上了。回家的路上，我们一句话也没说。简直不敢相信，在医院这短短两天给我们的生活带来了多大的变化。城里显然已经人满为患，到处是刺耳的喇叭声，车辆将有害气体排放到空气中。没有尽头的堵车长龙就像能造成精神伤害的导弹，只差一步就会毁掉我们这个小小的家庭。我们是一支微不足道的小分队，试图穿越整片敌占区。天哪，我心想，我们以后绝对不能再开车了。我看见克雷格双手紧握方向盘，指关节都变白了，便问："一直都有这么多车吗？"

他说："我不知道，不过我恨他们。安静点，我得集中精神。"接下来的旅程中，我只好靠贴着蔡斯的小脸寻求安慰。我闭上眼睛，闻着他的味道。他闻起来香极了，那个味道是如此令人舒心，我再也无法呼吸没有他的空气了。

历经千难万险，我们终于到家了。车刚在家门口停下，我就夸克雷格像个战斗英雄。我们把蔡斯抱进家里，把他的婴儿座椅搁在客厅中间，对他说："欢迎回家，宝贝。"当然，他什么反应也没有。我和克雷格并肩坐在沙发上，盯着蔡斯看了好一会儿。最后，克雷格说："咱们现在该做什么？"

"我也不知道。"我说，"我觉得咱们该给他一个美好的生活。"

"没问题，"克雷格说，"咱们能办到。"

接着，我们脱下外套，开始干活。

蔡斯出生后的第一个星期，我们坐在自动玻璃门前，看着外面雪花飘落，摸着冰凉的玻璃，感到惊喜不已。屋里很暖和，让我们忘了外面有多冷。我们放着轻柔的音乐，听着蔡斯咯咯的笑声，被突然响起的电话铃声吓了一跳，因为都忘了还有其他人存在。我在炉子上给蔡斯热奶瓶，发现闹钟还会报时，提醒我时间仍在延续。这让我觉得挺有意思的。我们的世界里只有三个人，我们的家就是整个世界。除了跟蔡斯待在一起的时间，不存在别的时间。这个世界上只有一条路，就是从蔡斯的婴儿床到浴缸到摇篮，再到我们家代代相传的旧沙发。我们经常蜷缩在沙发一角，注视彼此，直到深夜。

我不得不回去教课了，只好把蔡斯送进日间托儿所。从后视镜看着空荡荡的婴儿座椅，我忍不住热泪盈眶。在学校里，我一整天都魂不守舍的。臂弯里少了他那柔软的小身躯，我只觉得自己随时可能飘走。有一天，托儿所的老师站在门口告诉我："蔡斯今天第一次翻身了！"看她骄傲地抱着我的宝宝，我直想尖叫，像是心里缺了点什么。回家的路上，我给克雷格打电话，威胁说要辞职。于是，他赶紧提前下班回家，跟我一起带蔡斯出门散步。我们把婴儿车停在灌木丛前面，灌木上站着一只小鸟，小鸟跟蔡斯的视线齐平，啾啾地叫着。蔡斯第一次大笑了起来。我和克雷格都愣住了，眼中含泪，望向彼此。蔡斯的笑声如玉珠落地般清脆，似琴弦拨动般悦耳，就像一道声音的彩虹横跨天际，每个音符都是那么清晰，连在一起则汇成了美妙的乐章。在这一刻之前，我和克雷格从未意识到蔡斯是个完整的人，独立于我们存在，能被周遭的世界逗乐。我和克雷格搂在一起，哭成一团，蔡斯则抬头望着我们，咯咯笑个不停。

我们三个的联系如此紧密，很容易被彼此触动。儿子出生后的第一年里，我们经历了那么多欢笑与哭泣。我们溢出自己的身体，深入另一个人的内心，所以才有了这么多笑和泪。

☂

我、克雷格和蔡斯完美契合，就像绳子一样紧紧扭在一起。但随着蔡斯渐渐长大，我和克雷格独处的机会越来越多了。没有蔡斯在场，我们开始闹矛盾。我是看迪士尼动画片长大的，从小就认为婚礼是女人的终点，以为只要过了那一天，自己就会变得圆满。我可以坐下来梳理漂亮的长发，为舞会准备盛装，再也不会感到孤独，永远过着幸福的生活。但现在我结婚了，却仍然感到孤独。婚后还会感到孤独，这可不是我原本设想的样子。我想知道，要是婚姻没能让我俩相知相伴，是不是我们有哪里做错了。我渴望跟克雷格建立一种更深层次、充满激情的关系。我以为，在婚礼上宣过誓后，一切都会像魔法般从天而降。如果没法实现魔法般的夫妻关系，至少能有坚实的友谊吧？但问题在于，我所有建立关系的策略在克雷格身上统统无效。

语言是我和所有挚友建立友谊的桥梁。想要了解某个人，我需要倾听对方；想要被人了解的，我需要被对方倾听。在我看来，了解和爱上一个人的过程是通过对话实现的。我会讲一些自己的事，帮助朋友理解我，对方则会表示她看重这一点，然后讲一些自己的事，帮助我理解她。这个过程来回往复，我们会对彼此的心灵、思想、过往和梦想有更深的理解，友谊就这样建立起来了。那是我们之间可供遮风蔽雨的坚实堡垒，是我们可以深入其中的身外空间。有我，有她，还有我们的友谊。那是我们共同搭建的桥梁。

在克雷格看来，这个过程似乎有些陌生。无论我说什么，他都不懂得倾听，更不会思考，只会让我说的话反弹回来，消失不见。他的回应跟我说的风马牛不相及，我得非常克制才不会脱口而出：这就是你的想法？我根本不是这个意思！我就像在对虚空倾诉，每次想让他理解我的努力都是白费的。我把砖块递给他，他却没有接住。有一天晚上，我在书里读到一对恋人"只用一个眼神，便能心意相通"，不禁感到一阵心酸。我用尽浑身解数，都无法和克雷格进行一次深入的对话。而不这么做，我又不知怎么才能接近他。我没有其他的建筑材料。没有两人之间的桥梁，我只觉得被困在自己的身体里。

我们似乎也没有打好建桥的基础。在我其他的亲密关系中，这个基础是共享的回忆。我和克雷格没有共享的回忆，因为我告诉他的一切往事，他都左耳进右耳出。有一天晚上，我坐在沙发上看电视，换了几个台，最后锁定了《新婚游戏》节目。主持人问丈夫:"你老婆最喜欢什么颜色?""你老婆小时候养的宠物叫什么?"电视里的丈夫知道所有答案。如果换作是我,我也答得出,但要是问克雷格,我可不确定他能不能答得出。克雷格不可能微笑着告诉主持人,他老婆最喜欢的颜色是天蓝色,她养的第一只宠物是叫可可的三花猫。他不可能从记忆中提取出我告诉过他的事:可可把小猫生在我的壁橱里,我用眼药水瓶子给它们喂奶,陪它们度过漫漫长夜,但最后只有一只活下来。他解释不了为什么我给那只小猫起名"奇迹","奇迹"为什么把我当作妈妈。我告诉克雷格这件事的时候,很清楚它的分量,但克雷格并没意识到。他只是微笑着点点头,然后就把这事抛在脑后了。几个月后,我又提起"奇迹",克雷格问:"奇迹是谁啊?"他的健忘像是粗心,粗心像是抗拒。我又能怎么做呢?再给他讲一遍?我是不是得说,下面我要讲的这件事,对我来说非常重要,请你认真听,好好记住。请妥善保管我的这些记忆,好为我们的关系奠定基础。每天,我们都在堆砌注定会被冲毁的沙堡。我希望我俩能建立起一种坚实、持久、稳固的关系。

出于宽容,我决定继续尝试跟克雷格沟通。我不再问"你确定你真的在听我说话吗?",不再跟他开略有深意的玩笑,不再交给他明知他解不出的难题。我试着调整自己的预期,不再谈论世上大事、友谊、我目前读的书、对过往的困惑和对未来的畅想,而是谈论实实在在的琐事——蔡斯什么时候吃东西,什么时候睡觉,晚饭吃什么,我父母打算什么时候过来探望,天气情况,工作状况。我们相敬如宾,就像两个人头一次相约喝咖啡一样。这感觉像是一次危险重重的方向调整，就像我们不再努力构建共享的生活，而是退回各自觉得安全的地带。这不是构建和平，而是维持和平。我们努力避免冲突，而我变得越来越孤独，越来越恐惧。有话要说却无人倾听，这种感觉实在太孤独了。这是一段对我来说最重要的关系，却连真正的友谊都算不上，实在太叫人郁闷了。每天克雷格下班回家，我都想抓住他吼道："我在这儿呢——我在向你展现自己——你听到了吗？"但事实上，当他问我过得怎么样的时候，我总是回答："我挺好，挺好的。"

　　对话是我的建筑材料，性爱则是克雷格的。他需要抚摸对方，被对方抚摸，才能了解对方，爱上对方，感觉对方爱着自己。克雷格绝望地将身体作为唯一的交流方式，就像我用语言一样。他就像靠双手感知世界的盲人一样，总是抓住我，抚摸我，拉近我。每次他把手伸过来的时候，我都会条件反射般地紧张起来，接着努力放松，去接纳他，装作感激他的关注，就像妻子该做的那样。我想做个好妻子，但我的身体道破了真相——我并不感激，只觉得厌恶。每次克雷格让我满足他的需求时，我都在做其他事：照顾蔡斯，打扫屋子，准备饭菜。我讨厌不断被打扰，但克雷格的需求像是一切的终点。我觉得，他把我拉近，似乎并不是因为爱我，而是因为需要性爱来减压，而肢体接触是性爱的第一步。我真想问，如果有人每隔几小时就闯进他的办公室，让他帮忙揉揉肩，让自己松快松快，他会有什么感觉。我想说：让我一个人待着！我今天什么忙也不想帮！我受够那些抚摸和需求了——你为什么这么黏人？你已经是个成年人了！你就不能帮忙干点活，而不是给我添麻烦吗？那边有个孩子要照顾，有一堆单据要整理，还有好多衣服要叠呢。我真想冲他喊：帮帮忙，别再对我提更多要求了！但这些话我都没说出口，因为我为自己的冷漠和自私而惭愧。我无视他的求欢，就像他无视我的言语和故事一样。他把砖块递给我，我却没有接住。我知道他因为这个很受伤。"怎么了？"我问。

"没什么，"他说，"我挺好，挺好的。"

我们知道自己需要帮助，便报名参加了恩爱夫妻营。我们被告知，解决方案是"约会之夜"。我很快意识到，"约会之夜"需要具备三个条件：对话技巧、性吸引力，当然还有钱。由于这三者我们都不具备，"约会之夜"非但没有解决问题，反倒让问题更突出了。共进晚餐的时候，我们相对而坐，克雷格绞尽脑汁找聊天话题，我想的却是待会儿他肯定要跟我求欢了。我讨厌这种交易——用晚餐换上床——但又因为自己的厌恶而恼怒。为什么我就不能把这当作享受，而不是义务？答案并不重要。这是交易的一部分。我开始理解，性爱是一件麻烦但重要的事，是妻子为了一切顺利而帮丈夫的忙。我发现这件事很别扭，但也不是办不到，就像给汽车换油好让它继续运转一样。约会归来，克雷格把保姆遣走，我准备履行义务。

我在洗手间脱光衣服，钻进被子里等待。接着，克雷格也爬上了床。整个过程中，我试图关注并感受当下，但没有感到爱意，只感到冷漠。克雷格趴在我身上的时候，我感受到的孤独，就像他跟我交谈的时候一样。他似乎是在完成任务，我则是躺在那里，等待完事，偶尔呻吟几声，帮忙加快进程。我无法忍受这种表演，便开始神游天外，让心神脱离躯壳，盘旋在半空中，冷眼旁观肉体的交欢。克雷格还在继续，对我的冷漠或心不在焉并不在意，这让我很生气。他是没注意到我的心不在焉，还是压根就不在乎？现在，我不但觉得筋疲力尽，还感觉自己被利用了。我的心神在半空中乞求肉体把他推开，蜷缩起来，找回自控。我的心神在朝克雷格无声地怒吼：滚下去！滚下去！滚下去！但我的肉体却在传递另一则信息。它决定维持现状，知道再过几分钟就会结束了，就能为自己赢得一个星期的时间。因此，它再次通过伪装牺牲了自己，通过抽动和呻吟传递了这样的信息：是的，我很享受。性爱就像对自己的背叛，就像对自己撒谎。

　　完事后，我们一起躺在床上。我感到孤独、恐惧而羞耻。孤独是因为克雷格对我内心所想一无所知，尽管当时他就在我体内。羞耻和恐惧是因为我觉得自己无力给予或接受爱。我们偶尔会试图谈论这件事。我告诉克雷格，我的内心很挣扎，我们的性爱有些地方不对劲，我知道这都怪我，但不知该怎么解决。克雷格表示同情，但爱莫能助。我能看得出，他觉得自己被拒绝了。他渴望进入我的身体，就像我渴望进入他的灵魂一样。但他无法在身体里找到真正的我，因为我不在那里，我也无法在灵魂里找到真正的他，因为他也不在那里。他忧伤地看着我，眼神像在说：你看，我在这儿呢，我在向你展现自己，你看到了吗，感觉到了吗？

一天晚上，克雷格绕过沙发，直奔卧室。"到这儿来。"他说。我心里一沉，身体僵硬。从他的口气听得出，他想做爱。但我可不想，只想蜷在沙发一角舀冰激凌吃。我疲惫不堪，但还是站起身，跟着克雷格走进卧室。我得做个好妻子，这样我们才能高高兴兴的。十分钟，我向沙发保证，十分钟就回来。

走进卧室后，我惊讶地发现，克雷格没有像往常那样缩在被窝里，只露出个脑袋，抬头冲我笑，而是踩在高脚凳上，在壁橱里掏来掏去。我坐下来等着，见他拖出一个黑色塑料箱，里面堆满了老式录像带。他把箱子搬出来，搁在我身边。我认得这个箱子，因为是我把它从搬家的卡车上扛进来的。这些录像带记录了克雷格早年的足球生涯。他保留这些东西，是因为在我和蔡斯之前，足球是他的最爱。克雷格看上去很紧张，我则满头雾水。接着，他像连珠炮一样告诉我，箱子里一半是他小时候的足球录像，一半是黄片。我瞪大眼睛，一下子明白了是怎么回事，盯着箱子心想，把童年录像跟黄片混在一起似乎不太恰当。我的第一反应是：它们应该分开放。克雷格问我想不想看看。"足球还是黄片？"我问。

"黄片。"他说。

"一起看？"

"对。"

"夫妻俩会一起干这种事？"

"我觉得会。"

我很想说"不用了，谢谢"，但告诉自己，人不可能总是心想事成，婚姻就是妥协。"好吧。"我说，然后躺在床上，盯着小小的电视屏幕。克雷格把录像带塞了进去。我忽然意识到自己还戴着眼镜，没人会在看黄片时戴眼镜吧，除非是要扮成性感的图书管理员。我瞅瞅身上的法兰绒长裤和帽衫，还有印着爱心的毛绒袜，觉得没人比我更不像性感的图书管理员了。如果我问能不能先把冰激凌拿过来，不知会不会显得有点奇怪。冰激凌和黄片的搭配似乎也不太恰当，所以我决定抑制住冲动。为什么克雷格就不能跟我一样爱美食呢？美食是种奖励，而做爱还要费那么大的劲。我努力对他挤出一丝笑容。

克雷格在我身边躺下，往脑袋后面垫了个枕头。他觉得屋里还是太亮，便起身关了灯，再躺回来。影片开始播放。两个女人朝一个男人的公寓走去。她们都留着蓬松的金色卷发，蹬着高跟鞋爬楼梯。我立刻对她们感到同情，因为穿那玩意儿上楼比看上去难多了。影片开头有些对话，就像我和克雷格在做爱前的对话那样勉为其难、令人尴尬。接着，他们开始做爱了。我瞪大眼睛，努力保持严肃，非常非常努力，但也许还是不够努力吧，因为最后还是忍不住哈哈大笑。但那不是因为影片有趣，而是因为我毛茸茸的袜子挡在屏幕前，导致视线范围内同时出现了交欢场景和毛绒袜。这两样东西放在一起实在是很搞笑。克雷格看着我，也笑了起来，但那是假笑。我看得出，他搞不清我在笑什么，是笑屏幕里的人还是他。我止住了笑，突然感到一阵恶心。屏幕上的男人让穿着高跟鞋的女人做一些事，她们照办了，但在我看来，她们显得相当厌倦，脸上的表情很愤怒。我想知道，克雷格有没有注意到她们的厌倦和愤怒。也许没有吧，显然她们愤怒的表情被视为是性感的。看到愤怒、性感、疲惫和责任混杂在一起，有那么一瞬间，我竟然觉得释然了，觉得自己能理解那些色情明星了。

在某个时刻，黄片对我起到了它应有的效果。我从倦怠的母亲变成了极度渴望性爱的女人。我们做爱了，疯狂地做爱。我发现，这一次我比平时投入得多，像野兽一样疯狂。我发觉自己想的不是克雷格，而是录像里的人。这让我非常困惑。为什么我会想着那令人作呕、悲伤又愤怒的性爱场景，而不是全身心投入地跟丈夫做爱？肉体在跟一个人做爱，心里想的却是另一个人，这可真够古怪的。"身在曹营心在汉"的说法一下子钻进了我的脑海。接着，我又想到，克雷格是不是也在想着录像带里的场景。难道这就是为什么他会闭上双眼，感觉跟我如此疏离？他是不是也"身在曹营心在汉"？他脑子里想的是我还是她们？我想，他为什么需要她们？他为什么需要那些愤怒、厌倦的女人？这里不是已经有一个了吗？

完事后，克雷格和我并排躺着，望着天花板，琢磨接下来该说点什么。克雷格俯身亲吻我，脸上带着一丝微笑。那种感觉真是尴尬。在我们看过录像又发生了关系后，亲吻似乎太温柔也太亲密了。这个吻像是在道歉，或是请求和好。他吻过我以后，一种混杂着恐惧、孤独、羞愧和阴郁的感觉占据了我的身心。这种熟悉的感觉让我想起了往事。

我想起大学的时候，某个星期五晚上有个派对，我在地下室里跟男友和他的八个兄弟会哥们待在一起。男友一只胳膊搂着我，另一只手拎着一袋可卡因，朝我晃了晃。他亲吻我的脸颊，在我耳畔低语，非常温柔，非常耐心。他的哥们都冲我微笑，跟平时一点也不像。我朝咖啡桌弯下腰，第一次吸食可卡因。我的眼睛瞪圆了，男友则哈哈大笑，捏了一把我的大腿。我从头到脚都陷入了迷狂的状态。那帮男人兴奋坏了，举杯相庆，欣赏地打量着我。那种感觉棒极了，一半是来自可卡因，一半是来自周围人的肯定。我知道，现在我也是圈内人了。我是个女孩，但我很酷，简直酷毙了。感谢上帝。吸毒之前我曾失去方向，但吸毒让我不再迷失。这些男人找到了我，男友找到了我，可卡因找到了我。

事实证明，吸毒是赢得他们的爱的完美途径。即使没有可卡因，还有大麻。我们会抽得晕晕乎乎的，坐在一起，哪里都不去。如果连大麻也没有，那还有酒。我们会开怀畅饮，变得妙语连珠，胆大包天。如果可卡因、大麻和酒都没有，那还有美食。要是实在没人陪，我还可以吃吃吃。放纵让我麻木，直到夜幕降临，能够重新找到爱、勇气和归属感。

这种方法虽有效但无法持久，因为我晚上越兴奋，白天就越沉沦。凌晨近拂晓的时候，兄弟会地下室已经空空如也。大家成双成对地回去了，带走了所有的毒品和爱。最后，只剩我和男友躺在床上，而他已经昏昏欲睡。这意味着孤独又临近了。我绝对不允许这种事情发生，所以提议做爱。这为我多赢得了几分钟的爱意，但最终他还是睡过去了，留下我独自一人。我枕在他胸前，紧紧搂住自己，接受上帝对我的惩罚，在接下来几小时默默忍受疲惫和孤独，直至天明。每天早上，我都眼睁睁看着无情的阳光照进房间，来回扫视屋里闪烁的电视屏幕、啤酒瓶、镜子、剃须刀、大烟枪和女明星海报，打量所有狂欢后留下的垃圾。为什么几小时前它们还显得那么诱人？它们看上去跟爱哪有半点关系？阳光打破了咒语，把一切都打回了原形。我开始呼吸急促，心生恐慌。我不属于这里。我是怎么来这儿的？我该怎么出去？我该怎么回到家人身边？我再也不想变酷了，只想变好。我想要变好。我是个醒来后发现自己独自一人迷失在黑暗森林里的小女孩。每天早上，我都会感到全然真切的恐惧。怀上蔡斯以前，我一直是这么活着的。夜晚的黑暗让人在狂欢中遗忘，清晨的光明则让人在战栗中回忆。

现在，在戒酒后的第一次，我又感觉到，自己变回了那个迷失在森林里的小女孩。我跟丈夫一起躺在床上，脑袋枕在他胸前，但他人却不在这里。他已经进入梦乡，带走了所有的爱。我又是独自一人了。黄片的效果让我睡不着觉，只好来回扫视闪烁的电视屏幕和地上装录像带的箱子。卧室突然变得那么阴暗，那么危机四伏。我想知道到底发生了什么事。我们指望黄片能给自己带来什么？可卡因曾是我获得爱的捷径，大麻让我获得归属感，酒精让我得到勇气，美食让我得到慰藉。黄片呢？别人的身体能带来什么？我们想靠黄片找到什么在自己或彼此身上找不到的东西？

第二天早上，克雷格醒来后，我对他说："我不能再这么做了。"

他看上去有点惊讶："好吧，我还以为你喜欢呢。我以为它能让你兴奋起来。"听到这种话，我只觉得反胃——让你兴奋起来。

我说："不，它确实让我兴奋了，但这种方法不靠谱，我觉得既危险又阴暗。那两个女人的脸一直在我眼前飘来飘去，她们的表情总让我想起自己的表情。昨天晚上，黄片就像可卡因，你就像我前男友，我又成了过去那个女孩。我不能再那样了。我现在有孩子了，想做个好妈妈，好妻子。我想变好，想活得真实，活在阳光下。把它们扔了行吗？能不能别让这些玩意儿待在我们家里？求你了，把它们扔了吧。"

克雷格像是受了惊。我看得出，他根本不明白我在说些什么，但我知道这无关紧要。他说："好的，好的，当然了，别担心。对不起，宝贝。"

我说："向我保证，再也不这样了。"

"我保证，马上扔出去。"他说。我挺欣慰的——我就知道，他更在乎我的感受，而不是自己的需要。我爱这个男人。但我仍然觉得害怕——录像带怎么会搁在那个黑箱子里？为什么里面全是些野蛮的性爱？为什么克雷格现在紧紧抱着我，却不敢直视我的眼睛？我觉察到了危险。突然，我产生了一个念头，继而感到既惊讶又羞愧：我爱你，但我不能为了你重回森林。我现在终于走上了一条阳关道，必须继续走下去。蔡斯需要有人引领，而我无法带上你。我的责任太重大了。

当天早上晚些时候，我抱着蔡斯走进厨房时，正在摊鸡蛋的克雷格扭头冲我们微笑。那是个局促不安、带着疑虑的笑。我带着蔡斯向他走去，他放下锅铲，搂住我俩。这个拥抱是我们对昨晚的确认，也是对不再谈论此事的认可。我们将抛弃那个黑暗的箱子，继续过我们擅长的生活——作为一家人的生活。

☂

我们又有了两个女儿。大女儿跟我妈妈一样，叫帕特里夏，二女儿跟我妹妹一样，叫阿曼达。姐妹俩的小名分别叫蒂什和阿玛。我们贷款买了辆休旅车，找了个教堂。谁还能有更多的期望？有三个孩子的家庭生活甜蜜而充实，但为了满足孩子们的需求，我要做的事可真不少。我辞去教职，一心一意在家照顾孩子，但他们的需求无休无止。我从早到晚都忙个不停，跟在孩子们屁股后面转。这是一场永远跑不完的接力赛，但由于只有一名参赛者，我只能把接力棒传给自己，直到筋疲力尽。

我和克雷格都觉得，男主外女主内是最好的办法，所以我俩同甘共苦的机会越来越少了。克雷格的任务是白天工作，晚上帮忙照顾孩子。即便如此，我还是充满怨恨。当他跟我说起漫长的工作午餐时，我会说："中午我啃的是给孩子做奶酪三明治的面包边，还是就着洗手池吃的。"当他提起读到的一篇文章时，我会说自己连读文章的时间都挤不出来。当他晚上参加社交活动归来时，我会问"社交"是不是指跟其他有工作的人饮酒作乐。我为自己的尖酸刻薄感到惭愧，担心我们之间的距离会越来越远，担心我们会深陷在自己的世界里。原本家里只有三个人的时候，我们仨就是一个小世界。现在，克雷格待在外面，我待在家里，这两个世界之间却没有桥梁。

每天晚上，克雷格跨进家门后，都会满怀期待地笑着问："你这一天过得怎么样？"这个问题一针见血地指出了我俩对"一天"的不同感受。我这一天过得怎么样？当阿玛把手伸进我嘴里，蔡斯在洗手间里尖叫"妈咪救命"，蒂什因为我不让她喝洗涤灵而在角落里哇哇大哭的时候，这个问题一直萦绕在我心头。我低头打量粘着意面的睡衣、几天没洗的头发和满地乱爬的孩子，只想说：

我这一天过得怎么样？就像熬过了一辈子一样。这是最好的时光，也是最坏的时光。我既孤独，又从不孤单。我的脑袋都快炸了，简直不堪重负。我的身体每时每刻都被人触碰——前一秒还拼命想把孩子从身上赶下去，下一秒又把她搂进怀里，贪婪地嗅闻她身上的香味。这一天对我身体和情绪的要求，已经超出了我的承受范围。但它对我的头脑却一无所求。我今天有很多想法，有很多点子，有很多实实在在的事情想说，但却没有人听。

我这一天都烦躁不安，在爱意与愤怒之间来回切换。每小时至少有一次，我会看着他们的小脸，想到自己难以承受对他们的爱。而下一刻，我又会变得狂躁不已。我就像休眠火山一样，表面平静，其实随时可能爆发。紧接着，我意识到，阿玛的脚已经塞不进鞋里了。我开始恐慌，因为时光飞逝，这一切很快就会结束——这段最艰难的岁月，本该是我最灿烂的年华。这段最残酷的时光，也是最美好的时光。我有没有充分享受？我是不是错过了自己最美好的岁月？我是不是已经累得无力去爱了？恐惧和羞愧让这种感觉雪上加霜。

但我不是在抱怨，所以请不要试图修补什么。我不希望活成别的样子。我是说——这太难解释了——跟几个宝宝共度一天，这种日子让人难以忍受，却又嫌不够。

但我太疲惫了，一句话也说不出，就像个发条已经转到尽头的玩具娃娃。因此，我只是说"我们过得挺好的"，接着把宝宝交给克雷格，把脏头发扎成马尾辫，踩上人字拖，抓起钱包。孩子们意识到我打算出门，都呜呜哭起来，小胳膊紧紧抱住我的大腿。我亲吻他们的头顶，轻声说"妈妈很快就回来"，然后挣脱他们的拥抱。

我走到门外，爬进车里，关上车门，开始深呼吸，接着开车去超市，开始在餐具区游荡。我看见一个女人推着购物车，里面坐了两个小孩，真想问问她：打扰了，这是你一生中最美妙也最糟糕的时光吗？你对自己的愤怒和爱意感到恐惧吗？你和丈夫交流有问题吗？你感觉有人倾听你、关心你、了解你吗？你也迷失了吗？但我不能这么问，因为我们早已同意按剧本行事。我们能对彼此说的只有少数几件事。我从中选了一件，微笑着说："你家宝宝真可爱。"她报以微笑。我从她的眼中看到了疲惫和渴望，但又告诫自己：别过界。我转过身，往购物车里扔了许多其实用不着、很快就会退货的东西。我爸爸把这种行为称作购物狂。购物车越来越满，我告诉自己，你是个母亲，是个妻子，没有酗酒。这些是你在世上仅有的职责。你拥有一切你想要的东西。感恩吧！事实却是，我虽然感恩，却也困惑。我们做了该做的事，有了满满当当一家人，但我仍然感到孤独。

🌂

　　我和克雷格是不错的父母，但我们不是好友，也不是恋人。我想知道，是我选错了另一半，还是他选错了另一半——也没准我们根本就没有选择彼此。我怀疑克雷格跟我结婚不是因为我这个人，而是因为他相信结婚是正确的选择。我想知道，等孩子们上大学后，我们会不会离婚，因为到时我俩将无话可说。我想知道，我们是不是该多要几个孩子，免得夫妻关系失去黏合剂。我想知道，跟诗人结婚会是什么样子，两个人会不会彻夜谈论思想与艺术、爱情与战争，意见不合时激烈争论，一转眼又柔情似水。我想知道，我的好友们和丈夫之间是否存在我们夫妻没有的东西。大多数时候，这些念头一冒出来，我就叫自己别再胡思乱想了。幻想真爱和美好的性爱，就像把手伸向滚烫的火炉。思考这些永远不可能发生的事，只会让人饱受煎熬。所以，我很快就放弃了。这些假设和空想毫无意义，因为我永远不会离开克雷格。他是个好男人、好爸爸，也是个温柔的丈夫，我应该感谢上帝才是。如果这意味着带给孩子一个完整的家，那我宁愿下半辈子一直孤独。鱼和熊掌不可兼得，我们现在拥有的东西已经够好了。我不再读浪漫小说，免得心生幻想。

第七章

我们什么都聊，唯独不聊重要的事

我意识到，每个人多多少少都受过伤害。我们都认为自己是孤独的。我们打心底里认为，软弱的自己在光辉灿烂的分身世界里显得特别扎眼，这太让人抬不起头了，所以必须将痛苦深深埋藏。但在层层包裹之下，我们都快要窒息了。

有一天，我抱着阿玛经过电脑旁边，发现 Facebook 上几个朋友参加了一个叫作"二十五件事"的活动，也就是列出关于自己的趣事。我想，也许我也可以列个清单。我觉得，这也许是跟外界沟通的途径，可以讲述真相，向自己和别人证明我还存在。于是，我下定决心，准备列一份属于自己的清单。把阿玛哄睡着后，我坐在电脑前面，开始敲击键盘：

　　#1. 我曾患有贪食症，而且酗酒，如今正在康复期间。但我发现自己无比怀念暴饮暴食和酒精，就像一个女人对曾经反复暴打自己、现在已经离世的男人念念不忘。

　　我看着自己写下的文字——质朴、勇敢、不卑不亢。我心里一阵激动。没错，这就是我。不是过去的格伦农，不是现在的梅尔顿夫人，不是我的分身，而是真正的我。我想对自己有更多的了解，所以继续写了下去。我的指尖在键盘上飞舞，就像一辈子都在等待这个自由酣畅的机会。它们敲出了有血有肉、危险绝望的句子，关于婚姻，关于做母亲，关于性爱和生活。文字以洪水泻堤之势喷薄而出，仿佛这是真正的我仅有的机会，错过这次就永远不可能再浮出水面了。写完后，我盯着屏幕，就像对着一面镜子，但那种感觉比对着一面真正的镜子还要真切。这就是我！那个内在的我，终于浮出水面了。当我重读这些文字，想更深入了解自己的时候，楼上传来一阵哭声。阿玛醒了，她需要我。但阿玛得先等等，因为此刻的我终于觉醒了，我更需要自己。我太渴望别人看到这样的我了，所以先发了 Facebook，然后再上楼陪阿玛。

一小时后，我坐回电脑前面，盯着屏幕，被眼前的一切吓得目瞪口呆。我写的东西被朋友公开转发，结果收到了一堆私信。我的留言板上贴满了熟人和陌生人的评论。我感觉糟透了，后悔极了。我说了太多不该说的东西，现在只想统统收回。我关上电脑，掉头走开。当天夜里，我泡了壶茶，坐到电脑前面，逐一打开私信。

第一封私信来自某个陌生人："我不认识你，但今天早上读了你的文字后，我哭了好几个小时，突然感到解脱了。你写的全是我想写而不敢写的。我还以为只有我是这样呢。"另一封私信来自一位老朋友："格伦农，我妹妹也酗酒。我们不知道能为她做点什么。"其余的还有：

"我的婚姻名存实亡……"

"我不知道该怎么走出绝望……"

"有时我怀疑自己根本不适合养孩子。我总是发火，只想推搡他们。我没有动手，但心里想过。我觉得自己是个怪物。"

人们的坦诚和痛苦让我感到惊讶。不少私信是我认识多年的熟人发来的，但我发现自己从来没有真正了解过他们。我们什么都聊，唯独不聊真正重要的事。我们愿意帮助彼此，却从未提起过真正需要帮助的事。我们把自己的分身介绍给彼此，真实的自我则孤独终老。我们以为这么做更安全，能让真实的自我不受伤害。但在读这些私信的时候，我意识到，每个人多多少少都受过伤害。我们都认为自己是孤独的。我们打心底里认为，软弱的自己在光辉灿烂的分身世界里显得特别扎眼，这太让人抬不起头了，所以必须将痛苦深深地埋藏。但在层层包裹之下，我们都快要窒息了。

☂

接下来的那个星期，妹妹送给我一台新电脑，说："继续写，格伦农。每天早上一起床就写，就像那天的那个女孩一样。"我接受了她的建议。身为孩子的妈妈，有些东西只能用睡眠去换，所以每天早上四点半闹钟一响，我就迷迷糊糊地爬起床，从咖啡机里取出克雷格用定时功能泡好的咖啡，走进步入式衣柜（那是属于我一个人的地盘），打开电脑，开始写作。窗外天还没亮，衣柜里也一片漆黑，正适合书写我内心的黑暗。只有在这一小时里，我才能邀请真实的自己讲述她的痛苦、愤怒、爱意和得失。我每天早上都坚持这么做，因为我深知，这对自己非常重要。写完后，我会觉得更平静，更健康，更强大。每次把内心的恶魔释放到空白页面上后，我都会发现，它其实并没有原来想的那么可怕。我越来越不害怕自己了。我怀疑，这是因为我每天都要察看自己的羞愧度，就像糖尿病患者每天都要察看胰岛素水平一样。讲真话成了我正视羞耻、求得解脱的方式，那是对惨痛秘密的宣泄。这么做很安全，因为我是在黑暗中对着屏幕宣泄的，不会看到任何人困惑或尴尬的反应。

几个月后，我终于做好准备，愿意让别人看自己写的东西了。于是，我开了个博客。每天早上按下"发布"按钮后，跟宝宝共度时光的时候，我的心都会时不时飘到屏幕前面。一整天我都在想，会有人看吗？会有人理解吗？会有人回复吗？我迫不及待地想得到反馈，每天要刷新一百来次，为大家的回复而激动不已。他们在家里、在办公室、在手机上给我回复：我也是，我也是，我也是。我们看到你的阴暗面了，我们也一样。你并不孤独。每个新的点赞和评论都能让我精神为之一振。我感觉得到了理解，找到了慰藉。博客成了我的避难所，我的安全港湾。那里没有闲言碎语，没有既定剧本，只有事实真相。我的博客慢慢火了起来，有经纪人打来电话，跟我签订出书协议。我的痛苦一点也没有浪费。

我想要了解克雷格并被他了解，但这种渴望在渐渐消退。有生以来第一次，我的需要全部得到了满足——主要是靠陌生人。我认为这挺正常的。毕竟，不该指望由一个人满足你的全部需要。我发现自己在书写克雷格，而不是跟他聊天。这么做更安全、更方便，故事也更好看。比起实实在在的大活人，我们作为笔下的角色更容易被人理解。我能看得出，克雷格觉得我离他越来越远，遁入了自己创造的新世界。他很想跟我一起来，读了我写的每一篇文章，还有下面的每一条评论。关于自己老婆的许多事，他都是从博客上头一次知道的。

有一天，我写到了旧瘾复发。因为前一天晚上，在摆脱贪食症这么多年后，我又大吃特吃、大吐特吐了一番。克雷格从博客上看到了，上班时给我发了封邮件："刚读了你的博客，很担心你。你还好吗？咱们能聊聊这些事吗？"当天晚上，我们尴尬地坐在沙发上，试图谈论这些事。然而，我不知该怎么给他解释我的贪食症和我自己。口中说出的话怎么也不可能像写下的文字那么坦诚。我想知道，为什么对陌生人说真话比对家人说真话容易。跟克雷格一起坐在沙发上，我都不知道该怎么做自己了。我感觉那只是我的分身，真实的自我藏在文字里。我只想说：如果你真的想理解，难道不能再读一遍吗？但实际上，我说的却是："我没事，亲爱的。我保证，真的没事。"我站起身，暗示谈话结束。过去，我需要从克雷格身上获得某些东西，但现在已经不需要了。从电脑屏幕那边的陌生人身上，我找到了渴望已久的亲密感。很快，我就会发现，其实我俩完全一样。

☂

我开始感到反常地疲惫，每天早上都爬不起来，感觉像被钉在了床上，就跟玻璃盒里的蝴蝶标本一样。我腿酸关节疼，头发大把大把地掉，还总是觉得冷。两个医生都说这是心病。我盯着两条浮肿、淤青、瘦骨嶙峋的腿，心想：心病在攻击我的身体吗？身体在攻击我的心智吗？外界有什么东西在攻击我的全身吗？我不知道。第三个医生给我验了血，发现了慢性莱姆病①的迹象。我以前服用过太多抗生素，现在很多药都不起作用了，结果病得越来越重，也搞不清是疾病导致的，还是服药导致的。

我们买了一台小桑拿机，放在床边。从床到桑拿机的这"两点一线"成了我的整个世界。有时候，我身子实在太虚弱，得克雷格帮忙才能翻身。除了这些时候，我们平时基本不碰对方。我的身子一直在疼，脑子总是迷迷糊糊的，得非常努力才能说出或写出一句话。我常常想不起自己是谁，现在在什么地方。

有一天晚上，我躺在床上，盯着天花板，感觉身子好沉，一直在下沉，就像要陷进床里，然后失去了意识。醒过来的时候，我发现手机在被子下面，想把它拿到耳边，却发现它沉得像块砖。我给妹妹拨了个电话："我觉得我快死了。我好怕。家人该怎么办？"妹妹哭了。我想安慰她，但能说的已经说完了。我挂上电话，听见孩子们在楼下玩耍，意识到自己不但失去了照顾他们的能力，就连陪着他们也办不到，而且以后也许都没机会了。每每想起这件事，我就心如刀绞。这种情况一天会发生好几次，不像是睡觉醒来，更像是死而复生。睁开眼睛的时候，我透过一层薄雾，看见克雷格在旁边呼呼大睡，感觉自己处在现世与彼岸之间，想叫

---

① 莱姆病，一种蜱虫叮咬引起的螺旋体感染病。

克雷格带我去医院，但没法伸手推醒他，也无力组织语言。我被困在了自己的身体里。我在脑子里冲他尖叫：带我去医院，带我去看医生和专家，带我去看能帮我的人！他一动不动，仍然紧闭双眼。我因为他无法听到自己无声的尖叫而愤怒。现在，我的意识又飘远了——这次不是在家里，而是在精神病院，盯着天花板，给玛丽·玛格丽特讲金丝雀的故事。我说，我们没有疯，玛丽·玛格丽特，但我们有危险。如果他们无视最初的信号，金丝雀就会死。然后，玛格丽特渐渐消失，我重新回到床上，回到克雷格身边。我先看看他，接着开始环顾四周，心想：我的身体想告诉我什么？这里有什么有毒气体？怎么才能逃离这个矿井？

好友吉娜来看我。我萎靡不振，骨瘦如柴，裹着毯子，让她很担心。她和克雷格做了个计划，打算带我们全家人一起去她那里。她在佛罗里达州的那不勒斯有间公寓。下飞机后，温暖的阳光照在脸上，湿润的空气包裹着关节，我突然感觉一阵轻松。几天后，我的膝盖不疼了，脱发也有明显好转，甚至能出去散散步、给孩子们做三明治当午餐了。在那不勒斯的最后一个晚上，克雷格碰到我的腿时，我不再疼得尖叫了。他看着我说："咱们应该搬过来。"

我说："是啊，没错。"这个点子不错。我们应该逃离一切，除了彼此。我们需要时间、空间、阳光和棕榈树。

第二天，克雷格给老板去了电话："为了救我老婆一命，我打算搬到那不勒斯。"老板说："去吧。"

我有点害怕，因为自己健康状况不佳，搬家会很麻烦。但我提醒自己，这是做出改变的大好机会，可以清理掉所有不必要的东西，只留下最重要的。我们跟孩子的学校、邻居和教会挥手作别，捐掉了大部分东西。我们肩头的责任像指缝间的沙子一样滑落。等到抵达佛罗里达州的时候，我们只剩下孩子和彼此。我们向自己保证，会注意休息，患难与共，专心治疗。

接下来的几个月里，我们会一起坐在泳池边休憩，上农贸市场买菜，去很远的地方散步。我们不交新朋友，不参加会让生活变复杂的活动。渐渐地，我的肤色变深了，身体强壮了，脸上也有了笑容。家里其他人也一样。我们第一次感到无拘无束。克雷格在家里工作，我在家里写作。除了彼此，我们不需要向其他人汇报情况。每天晚上，我和克雷格都会坐在阳台上，看着小鳄鱼游过湖面，再三感慨："真不敢相信，我们竟然做到了。我们成了过去羡慕嫉妒的那种人。我们自由了，重获新生了。"

不过，这种想法有个缺陷——其实，无论去哪里，你还是你。我们没能逃出矿井，有毒气体如影随形。没有改变，只有延续。

第八章

成人的世界里，没有容易二字

痛苦使女人分裂，这样她就有人倾吐心声了。即使所有人都离她而去，也能有人在黑暗中做伴。现在，我并不孤独。我拥有受伤的自己，也有我的分身。她会继续好好活下去。也许，我们能把受伤的自己永远藏起来，让分身继续挥手微笑，仿佛什么事都没发生。

有一天，我的笔记本电脑中了病毒，只好改用家里的电脑写作。我点到一个陌生的文件夹，突然跳出一张图片，是个搔首弄姿的裸女朝着镜头爬过来。我吓得往后一靠，想要关掉它，但每点一次小叉，都会蹦出更多色情图片，一张比一张更不堪入目。两个赤身裸体的白人女子并排跪在瓷砖地板上，一个满脸坏笑的男人按住她们的头，让她们凑近自己的下体。我像疯了一样想关掉这些鬼东西，但接着又出现了两个女人，光着身子，相互亲吻，彼此纠缠，旁边一群男人笑嘻嘻地看着，仿佛这两个女人是个笑话。这些图片似乎是给憎恨女性的男人量身打造的。

　　我盯着电脑，目瞪口呆，陡然醒悟：我错了，我错了，我大错特错，错得离谱。我以为在家里，在这个我一手打造的小世界里，规矩跟外面有所不同。我以为自己在这里是安全的。但事实上，这里的规矩跟外面没有丝毫不同，一向如此。我仿佛回到了洗衣房的地板上，回到了地下室门口的队伍里，盯着"肥婆免进"的横幅，跨在兄弟会男生的肩头，举杯高唱"饮酒做爱，婊子免进"。我要对这一切负责，因为我默认了男人对女人的糟践、嘲弄、安排和主宰。女人被拍下来，卖出去，供人嘲笑。性爱就是男人对女人做的事，或是看着两个女人做的事。我跟这些女人一样，只不过是丈夫眼中的笑话。我点开一个文件夹，里面有更多的文件，更多的女人，一个把女人视为笑话的世界。这台电脑是孩子们每天都要用的！我关掉显示器，紧闭双眼，拼命摇头，精神都快错乱了。丈夫竟然把这种东西带进了家里！就像那个足球录像和黄片混在一起的黑箱子一样，这些图片跟孩子们的数学游戏混在一起。我抓住桌角，稳住身子，心中充满恐惧。

要是孩子们看过这些东西怎么办？他们会知道，父母中有一个人刻意保存了这些东西。女儿们看过这些东西后，会对身为女人有什么想法？儿子看过这些东西后，会对身为男人有什么想法？孩子们对性的认识，会因为这些东西遭到怎样的扭曲？天哪，他们幼小的心灵会笼罩上阴影！他们会感到痛苦，感到羞耻，远远超过孩子能够承受的分量。在我看来，在这台电脑里存色情图片，无异于往阿玛的水杯里倒威士忌，在儿童房里留下可卡因。这么做的父母应该被抓起来才对！有那么一瞬间，我真的考虑过打电话叫警察。请把我丈夫抓走吧！

我想把这痛苦的源头砸到墙上，亲眼看到它化成碎片。事实上，我只是猛地站起身，跑下楼梯，冲出家门。我想拼命奔跑，但双腿软弱无力，只好坐在车道上，捂住脸尖叫。我的做法就像那些图片一样让我震惊。但这种愤怒我并不陌生，它像水底的气泡一样缓缓上浮，终于露出水面爆开，如荒原上的野火般熊熊燃烧，仿佛要把整个世界化为灰烬。这种不分青红皂白的愤怒让我害怕。于是，我决定只针对克雷格一个人。

我捂着脸坐在车道上，心想：我们有危险。十年来，我第一次没有把克雷格算作"我们"中的一个。我们，指的是我和孩子们。我们有危险，而克雷格就是那个危险人物。接着，我突然想到，如果这全是我的错呢？我本来就够冷淡的了，接着又病了。如果是因为这样，丈夫才去看黄片，那岂不是我的问题？不过，这个念头刚一出现，就被我打消了。不，不，不，不，我们每个人都要对自己的行为负责，是他太软弱了。滚他的蛋吧！都他妈滚蛋！我决定跟克雷格划清界限，跟所有男人划清界限。但这个念头刚给我带来一丝慰藉，我突然想到了蔡斯。我怎么可能把所有男人拒之门外？我儿子可是注定要长成男人的！

我狠下心，走回屋里，一整天都离克雷格远远的，直到孩子们都上了床，然后才走进卧室，向他摊牌："我看见你那些图片了。你答应过，永远不把那些玩意儿带进家里。你不光存了那些玩意儿，还存在孩子们的电脑上。你这个阴险的大骗子！你到底爱不爱我们？"

克雷格没为自己辩解，也没说我反应过激，只是低下头："对不起，我会去寻求帮助的。"

克雷格接受了心理咨询。我们再也不谈论这件事，再也不显露感情，更别提做爱了。我不可能向一个无法信任的人敞开身体，所以我拒绝了克雷格。我的身体和心灵都需要我的保护。我和克雷格成了合作伙伴，合作抚养孩子。我们对彼此客客气气的，就像同事那样。

当然，事情到这儿还没完。

几个月后，在克雷格的心理咨询师冰冷的咨询室里，我深陷在黑色皮沙发里，膝盖连坐垫的边缘都够不着，双腿在空中直挺挺地悬着，活像个洋娃娃。我打定主意，如果怎么做都没法脚踏实地，就索性装作不想脚踏实地。我蜷起身子，抱膝而坐，摆出一副防御的姿态。

克雷格告诉我，他和咨询师讨论了黄片的事。咨询师表示同情，因为一年前他也因为同样的事差点跟妻子闹掰。现在，他就坐在离我四尺远的地方。我很了解，人们是怎样试图通过拯救别人来拯救自己的。我不喜欢他的模样，也不想掺和这个男人的自我拯救行动。而且，他显得既紧张又笨拙，一直满怀期待地冲我微笑，就像想从我这里得到确认，确认一切都会好起来。我不知道一切是不是都会好起来，所以一直绷着脸。我通常习惯对每个人微笑，眼前这个人显然也习惯女人对自己微笑。我能看出，自己不合作的态度让他很困惑。他清了清嗓子，开口说道："你好，格伦农，谢谢你今天能跟克雷格一起过来。"我们俩的名字以这么亲密的方式从这个男人嘴里冒出来，害得我浑身直起鸡皮疙瘩。

他接着说："你看上去像是生气了，格伦农。能不能说说你为什么生气？"

我心想，你怎么知道我生气了？就因为我没笑？克雷格也没笑啊。为什么女人面无表情就会被当作生气，男人面无表情就不会？不过，我嘴里说出的是："也许我是生气了吧。"他问为什么。我答道："因为这么多年来，我丈夫始终向我保证他没有看黄片，但他一直在撒谎。因为他把色情图片带进家里，孩子们可能会看到，而且说不定已经看过了。因为他使孩子们处于危险境地。因为他盯着其他人女儿的身体找乐子，尽管他自己也有女儿。因为十年来，他一直让我相信，我们性生活不和谐是我一个人的错。现在看来，也许不是这样。也许根本就不是。"

　　咨询师看着克雷格，掂量克雷格对此的反应。克雷格沉默不语，显得很痛苦，神情恍惚。咨询师扭过头，看着我说："我理解，格伦农，但请让我们给克雷格一点信任。他现在不撒谎了，会说出整件事。"

　　接着，屋里又陷入了沉默。沉默中饱含期待，就像闪电划过和雷声响起之间的停顿。我们三个人面面相觑。在那个瞬间，我忽然意识到，"整件事"正是我们遗漏的东西。

　　我想起了两个月前发生的一件事。当时，我站在厨房里，克雷格在讲一个同事身上发生的事。他说："他在外面偷情。虽然很不容易，但妻子最后还是原谅了他。他们复合了，现在很幸福。"我有点惊讶，因为克雷格竟然会跟我讲这件事。我不想听他说这些，不想在家里听到跟对妻子不忠有关的事，尤其是在给孩子们做午饭的时候。所以，我什么也没问，没看克雷格，更没放在心上。但现在想起来，他用的是恳求的语气。我终于明白了，他不光是在说朋友的婚姻，也是在说自己的婚姻。我记得当时自己手里一直没闲着，把一块块三明治切成完美的三角形——切呀，切呀，一直在切，嘴里说着："好吧，他是个浑蛋，他老婆是个傻瓜。要是我的话，肯定带上孩子远走高飞，永不回头。我绝对不会原谅这种事，过一百万年也不会原谅。"

克雷格安静下来。"对啊。"他说，然后开始收拾桌子。

现在，在咨询室里，我听见自己说："其实，我觉得克雷格没有说出整件事。我觉得他从来没有这么做过。"

咨询师的声音磕巴了："格伦农，我听见你说的了。但我了解克雷格，我相信他是诚实的。"

我浑身发抖，紧紧扯着毛衣。这时我才注意到，克雷格和咨询师都穿着短袖短裤。为什么男人从来感觉不到冷呢？为什么他们从来不穿毛衣，不把手缩进袖子里，不蜷起身子抱膝而坐？为什么他们总是厚颜无耻，随心所欲，自由自在？

"她说得对，"克雷格开口了，"我需要告诉她一些事。"克雷格的声音让我的体温又降了几摄氏度。

咨询师有点手忙脚乱了："好吧，显然克雷格有更多的事要说。现在呢，有一种做法是对的，另一种做法是错的。我会跟克雷格再见几次面。过几个星期，我们再来讨论这个新情况。"

我突然狂笑起来，笑声像机关枪一样在安静的房间里回荡。两个大男人都吓了一跳，我则心中暗爽。女人的笑声永远比眼泪更能吸引男人的注意。我指着咨询师说："哈！真有意思。你竟然说到了对与错！你这个人真有意思！"我猛然收住笑声，跟笑起来一样突然。

"什么以后再讨论，没门儿。克雷格现在就得把一切都说出来。"我冷冷地盯着克雷格，眼神像寒冰一样刺骨，"说吧。如果你有一点保留，我就会离开你，永不回头。你知道我做得出来。"我起身离开皮沙发，走到咨询室的另一头，找了把离克雷格距离最远的椅子，一屁股坐下。

他挪开视线，开始讲述。他的第一句话就是："我找过其他女人，都是一夜情。第一次是在婚礼后几个月。"

我的呼吸停止了，眼睛直勾勾地盯着克雷格。他在等我做出反应。突然之间，我不再身处咨询室，而是挽着爸爸的手，向克雷格走去。停下！停下！我拼命警告自己和爸爸：转身！回去！但我们还在往前走。木已成舟，一切都无法改变。

克雷格继续往下说，说起了那些令人难以置信的事。我在家里换尿布、洗碗、喂孩子的时候，他在外面跟其他女人上床。我祈求自己的病赶紧好起来的时候，他在跟其他女人厮混。我为自己的性冷淡而抱歉的时候，他在跟陌生人翻云覆雨。这么多年里，他一直让我承担所有的过错，任由我伏在他肩头痛苦，任由我质疑自己：我究竟是怎么了？为什么做爱时没有安全感？他拍着我的头，说他不知道。其实他是知道的。他才是问题所在！

克雷格似乎说完了，我们都一动不动，一言不发。我和大门之间隔着两个男人。我想要站起来，径直朝门走去，但两条腿不听使唤。咨询师看上去有些担心，问道："格伦农，你还好吗？"我觉得这简直是天底下最傻的问题，根本不想回答，只是死死盯着他，心想：你再喊我名字试试?！我恨透了他，便转过椅子，背对两个男人，面朝落地窗。窗户下面就是停车场。我俯下身子，双手撑在玻璃上，试图保持平衡。楼下有个金发女子急匆匆地朝自己的车走去。我真想知道，她对自己的男人有多少了解，又有多少不了解。希望你真的了解自己的男人，我心想。但转念一想，还是不了解的好。在过去几分钟里，我从一无所知变成了彻底洞悉。现在看来，我知道得实在太多了，比一无所知还要糟糕，糟糕多了。我不知道自己能否承受。于是，我收回了对那个女人的祝愿。

她驾车离开后，我的脑海里浮现出了一个电影场景。那是我最喜欢的电影《公主新娘》（*The Princess Bride*）里蒙托亚和韦斯特利的剑术对决。当蒙托亚发现韦斯特利跟自己一样是个出色的剑客时，脸上先是闪过一丝惊讶，继而露出恐惧，接着是敬意，最后是释然，仿佛在说：好吧，他可能会杀了我，但至少这个对手挺有意思。我又笑了起来，笑声怪异而苦涩。有生以来第一次，我将克雷格视为可怕的对手。过去，我以为自己心理阴暗，而他单纯、坦诚、毫无心机。但事实证明，他才是那个阴险而高明的剑客，只是把危险性藏起来了而已。我想，原来你是这样的人。真棒！是我低估你了。你其实一点都不单纯嘛，往后可就有意思了。等着接招吧。

我听见身后的咨询师在问："为什么是现在，克雷格？你为什么要在今天把这些事说出来？"

克雷格低声作答，我差点没听清："我一直在观察格伦农。她

126

把自己的问题全都写下来，说出来。她在展现真实的自己。她说，说真话让她变得更健康。她把所有糟糕的事情都展现出来，大家仍然爱她。我只想知道，我能不能也这么做。我只想知道，她在了解真实的我以后，还会不会爱我。"

我踮起脚尖，转过椅子，面朝两个男人。我看了一眼挂在窗户上面的时钟，发现时间仍在飞逝。再过十五分钟，孩子们就要放学，排队上校车了。在那一瞬间，我突然想到，当他们得知自己在学校里画彩虹的时候，家里竟然出了这么大的事，脸上会是什么样的表情。接着，我抑制了这个念头。痛苦就像马路中间的大洞，我需要绕开它，才能做该做的事。我勉强站起来，脱下毛衣，搭在胳膊上，命令身子不再颤抖。我刚站起身，两个男人便不约而同地看过来。我先是盯着咨询师，说："你应该换把可以调节高度的椅子，这样矮个女人才能脚踏实地。"

接着，我看着克雷格说："我不知道你以后还能不能干'那个'。我只知道，从我这儿你是别想了。在我眼里，'你'已经不存在了。不管你他妈到底是什么人，你已经毁了我们一家。我永远不会原谅你。永远不会！我得去接孩子了。明天他们上学的时候，把你的东西都搬出去，离我们远远的。你这个害虫！"

我拎起手袋和毛衣，迈出大门，穿过长长的走廊，走到太阳底下。接着，我变成了那个急匆匆朝车走去的女人。我不知道是不是有另一个女人在楼上看着我，猜想我是不是了解自己的男人，是不是正在试图脚踏实地。

外面阳光明媚，气候温暖，一切井然有序。我先静静地站了一会儿，让眼睛和头脑尽快适应。我就像个刚刚走下飞机的游客，发现自己脚下是一片陌生的土地。佛罗里达州的天空蓝得有些刺眼，各种各样的声音——白鹭、汽车消音器和飞机引擎发出的声响——都显得刺耳而陌生。照在脸上的炙热阳光让我吃了一惊。这里竟然还存在温暖，真是有意思。我真希望自己能留在此刻，尽情感受。我需要比过去更加敏锐才行！过去的我遗漏了太多东西，幸福和安宁完全建立在幻想之上。全新的我将独自前行，必须集中注意力。现实！只有现实最重要！弄清什么才是真实的，格伦农。我瞪大眼睛，像士兵一样昂首挺胸，像刚刚闻过嗅盐一样精神抖擞。每样东西都让我痛苦，但至少我没喝醉。

我走到自己的休旅车旁边，它还像我离开时那么牢固、结实、可靠。但手一碰到车门，我心中的怒火又开始熊熊燃烧，突然意识到自己有多讨厌这辆车。我退后两步打量它，它仿佛是我这十年来的忠诚、牺牲、天真的象征。它在尖叫：我是个妻子！是个母亲！这就是我！我可能没那么光鲜，但我热爱自己的生活！车子的每个细节都在证明我是个傻瓜。

我想过把钥匙扔进身后的下水道，永远离开这辆车。但我是个母亲，不能那么冲动。我必须镇定下来，保持冷静，为孩子着想，他们还不知道即将到来的打击。我必须成为这艘沉船上坚定的船长，必须在船下沉时保持微笑，这样大家才能平静地溺毙。

我钻进那辆可怕的休旅车里，第一次发现，身材娇小的女人在这辆大车里显得多么渺小。妈的，为什么我事事不如意？我盯着车里地板上凌乱的填色画册、故事书、苹果酱罐头和干掉的橡皮泥，想知道，孩子们会不会像我一样看待这些东西，仿佛它们是来自某个遥远古国的遗物。我想知道，他们长大后会不会用全新的眼光看待这堆东西：噢，没错！填色画册！我还记得，当时我最大的麻烦是老涂到线外面！对了，老妈，还记得那辆休旅车吗？你还记得吗，当时你最大的麻烦是按时送我们去球场？记得吗，你老是因为找不着我的球鞋而发愁？你的待办清单里总有这么一条：找到孩子的球鞋！填色画册和休旅车。我们是你的宝贝，对吧？

我开始开车，在一个红灯前停下，想了想该朝哪边拐。有一对情侣在过马路，我朝他们挥手微笑。我为这一笑感到惊讶，也备感骄傲。瞧瞧我，遇到最糟糕的情况也没被击垮，还能冷静地开车，朝陌生人微笑。这一笑让我意识到，自己又分裂成两个人了。我既是那个生活刚刚被毁掉的人，也是她的分身——开车，微笑，挥手。我正式回到了分裂的状态。

痛苦使我们分裂。当受伤的人说"我没事"的时候，不是她真的没事，而是她内在的自我指使外在的自我这么说的。有时候，她甚至会说漏嘴："我们没事。"别人可能以为她指的是自己和丈夫，其实根本不是。她指的全是自己：受伤的自己，还有在大家面前装作若无其事的分身。痛苦使女人分裂，这样她就有人倾吐心声了。即使所有人都离她而去，也能有人在黑暗中做伴。现在，我并不孤独。我拥有受伤的自己，也有我的分身。她会继续好好活下去。也许，我们能把受伤的自己永远藏起来，让分身继续挥手微笑，仿佛什么事都没发生。回到家里，我们可以自由地呼吸。但在公共场合，我们会一直伪装下去。

我在另一个红灯前停下，发现两条腿在发抖，最初只是轻微的颤抖，后来却抖得连方向盘都把不住。我命令双腿停下来，又用手死死按住，没想到却抖得更厉害了。我怀疑是不是内在的自我拒绝被永远藏起来，所以开始反抗。也许说到底，还是她在控制我的身体。我的生活失控了，家庭失控了，现在身体也失控了。红灯马上要变绿了，我慌了手脚。身体在朝我怒吼，逼我对人说出真相。我采取了唯一可行的方法——给妹妹打电话。电话铃刚响一声，她就接了起来："嗨，老姐！什么事？"

我说："你能先找个地方坐下来吗？我得告诉你一些事，但别担心——孩子们没事。我觉得应该没事。"

"等等，什么？发生什么事了？"她听上去也慌了。

我说："不光是黄片，克雷格还有外遇。从一开始就是这样。一夜情。"我的腿终于不抖了。绿灯亮了。我踩下油门，车子缓缓向前驶去。

妹妹默然不语，过了好一阵子才开口："天哪，天哪……格伦农，你在哪？在开车吗？你还好吗？"她在等我回答。"你还好吗？"这个问题让我迷糊了。这么多年来，这个问题我问过自己无数次，每次意思都不一样。我把妹妹的声音跟眼下的情况结合起来，把"你还好吗"这个问题翻译成"你会开车冲出路沿吗？你会伤到自己或别人吗？"我回答："没事，我挺好。我很冷静，准备去接孩子回家。"

只听见妹妹说："接他们回家，然后哪儿都别去。明天一早我就坐飞机过来。今天晚上我就告诉爸妈。"等！她要告诉爸妈？如果告诉他们，那就覆水难收了。要是他们知道了，这件事就成真了。我试图想象爸妈听到这个消息时的表情。从我妹妹那里，他们已经经历过一次这种事了。她的第一任丈夫也跟我们想象的不一样。而克雷格是我们信任的人。以后我们还能信任谁呀？爸爸怎么才能接受两个女儿都没能保护好自己这个事实？爸妈要怎么面对再次被欺骗的事实？我担心，只要提出以上任何一个问题，内在受伤的我都会冲出喉咙，开始尖叫。我艰难地把它咽下去，说："好，没问题，就这样吧。晚点我再给你打电话。"说完，我便挂了。

我开到学校，停好车子，看见其他车里的妈妈都满脸微笑，不禁嫉妒起她们每个人。老师们在门外冲我挥手，我也朝她们挥手。只见孩子们捧着当天的画作走出来了。一看见我，他们就高兴地蹦了起来，脸上露出灿烂的笑容。那个笑容是真实的，他们没有分裂。看着他们，我的心沉了下去。我受的伤是那么深，无法想象还能恢复。但决不能让他们的脸上失去笑容！我承诺要做好一件事，那就是给他们一个家，一个稳固的家，让他们免受痛苦。但我失败了。他们会受到伤害，那是我从未体会过的伤害。一切都不像他们想象的那样。我怎么才能避免这一切发生在他们身上？他们蹦蹦跳跳地上了车，我真想紧紧抱住他们，但最终只是装出一副开心的样子："我爱你们！今天过得怎么样？"

小女儿凑上来亲了我一口，说："可棒啦！你呢？"

"很棒，宝贝。很棒。"

我告诉孩子们，爸爸临时有事出远门了。回家后，我们一起挤在沙发上看电视。这可把他们激动坏了。今天又不是周末，晚上竟然也能看电视耶！我看着他们，惊奇地意识到，前一天我还不允许他们在非周末晚上看电视呢。我们是你的宝贝，对吧？现在，我只为扛住了今天的打击而感谢上帝，心中满是骄傲。我救了孩子们，把他们带回了家。现在，他们都坐在沙发上，安然无恙。除了我们四个，一切都不重要。任暴风雨如何肆虐，我们在堡垒里都会很安全。我给他们端来鸡块，坐在他们身边，把阿玛抱上膝盖，轻嗅她的柔发，默默许诺：一切都会好起来的。我们很好，真的很好。我们根本不需要爸爸。

最初的麻木和否定源于震惊，但它们也是上帝的馈赠。震惊就像一段缓冲期，让女人在绝望和恐慌如暴风雪般袭来之前，有足够的时间准备好需要的东西。震惊让她有时间获得亲友的支持，以便应对真正的悲伤，因为那将耗尽她的全部精力。震惊就像秋收后的休整期，好让她为过冬做好准备。

两小时后，我领孩子们去洗手间刷牙。瞧瞧我们，在这种情况下还能坚持刷牙。我真佩服自己！我把他们带回卧室，一个个安顿好。跟小丫头们吻别说晚安的时候，她们像天鹅绒一样柔嫩的脸颊给了我无尽的慰藉。她们还那么幼小，那么懵懂。她们的肌肤是那么柔软，还没有受过挫折，没有经过风吹日晒，没有被毒气污染，也没有受荷尔蒙的刺激冒出青春痘。她们还未经世事，肌肤完美无瑕，心灵也是如此。我努力呵护她们的肌肤和心灵，不让她们独自承受伤痛。但这一切都结束了。很快，我就不得不告诉她们一些事，目送她们的心灵踏上我无法陪同的旅程。她们的肌肤还那么娇嫩，心灵就要变得破碎、坚硬、冷酷了。事情本不该这么发展的。

我看着他们，意识到，当他们发现爸爸妈妈可能离婚时，我可能会失去他们。我们曾是一体的，但很快就会被震惊、悲伤和失落分开。事实上，我们已经被分开了，只是他们还不知道。他们哭泣的时候，我再也无法搂着安慰他们，说"我明白你们的感受"。我不知道，当孩子们一觉醒来后，发现家里发生了翻天覆地的变化，会有什么感觉。我真的不知道。他们才只有九岁、六岁和四岁，我怎么能让他们经受我都没感受过的痛苦？我本该走在前面，为他们披荆斩棘的。但现在我没法继续领路了，因为我也不知该往哪里走。我感到无法呼吸，便离开房间，站在走廊上，试图汇聚力量。我能听见女儿们在屋里低声说笑。毕竟，她们不会一下子就睡着。她们的欢笑打动了我，就像在碎石瓦砾下探测到了生命信号一样。她们得知真相后，还会再这么欢笑吗？我还会欢笑吗？

我走进卧室，站在床前，盯着克雷格枕头上凹陷的痕迹，还有床头柜上尚未合上的书，迅速把枕头翻过去，把书塞到床垫底下。我不想看见他的东西，好忘记他的存在。我又有点喘不过气来了。先前的震惊正在渐渐消失。现在，我只觉得天旋地转，精神快要崩溃了。一系列问题像冰冷的手指一样死死攫住了我：要是离婚怎么办？要是克雷格再婚呢？我的孩子们会管其他女人叫妈妈吗？要是她不爱他们怎么办？要是她爱他们怎么办？要是他们不爱后妈呢？要是他们爱后妈呢？怎么才能把我已经知道的事统统忘掉？怎么才能让这一切都不要发生？

我的双腿不听使唤，整个人摔倒在地，只好往墙那边爬过去，靠墙壁撑住身体，把头埋在两个膝盖中间，拼命抵抗恶心的感觉，试图稳住呼吸。注意呼吸，格伦农！只管呼吸！我盯着屋门，想起门没锁，就爬过去锁好。可不能让孩子瞧见我这副样子。他们只剩下我了。门锁好后，我再次靠墙坐好，闭眼休息了一会儿。这种呆坐在地板上的情况对我来说一点也不陌生。我的思绪飘回到了2001年母亲节那天。

我呆坐在洗手间的地板上，大腿紧贴着冰冷的瓷砖，手里握着呈阳性的验孕棒，手抖得那么厉害，几乎看不清那条小蓝杠。但它就在那里。我紧闭双眼，不去思考这个事实——我怀孕了。接着，我睁开眼睛，盯着冰冷的白色马桶。我大半辈子都跪在它前面，一次次往里面呕吐，掩饰自己混乱的生活，将一切都冲进下水道。洗手间曾是我的避难所，马桶则是我的圣坛。十多年来，这里曾一直是我给自己的答案。但看着手里的验孕棒，我意识到，自己需要一个新答案了。这个答案深藏于我的内心，不像跪在马桶前那么危险。答案就是：做个贤妻良母。它是更好的圣坛，没有那么危险，会让所有我爱的人骄傲，也更贴近真实的我。

但也许根本不是这样。因为十年后，我背靠另一面墙，目睹另一件改变一生的大事夺走了我精心搭建的圣坛。如果连做个贤妻良母都不是问题的答案，那我还剩下什么选项？没有了！如果我不是梅尔顿夫人，那我还能是谁？谁也不是。我完蛋了！

我提醒自己，十年前的那一刻，我也以为自己完蛋了。那条小蓝杠是一份驱逐令，也是一份邀请函。它邀请我开创更美好的生活，发现更好的答案，搭建更健康的圣坛，找到更真实的自己。如果说这次驱逐也是某种邀请呢？但它在邀请我去哪里？离婚？独自生活？离开孩子们？不不不，我不想接受这份邀请。它邀请我离开曾经拯救我的一切。我可不想这么做，不希望事情这么发展下去。我爱自己的答案，也爱自己的生活。现在，我彻底慌神了。

我试图回想自己十年前是怎么挺过来的。一开始我是怎么做的来着？我是怎么熬过来的？我去参加了一次聚会。但我现在可不能去参加什么聚会，因为孩子们快睡着了，屋里只有我们几个人。我逼着自己站起身，走到电脑跟前，把写作当作聚会。这一次，我必须拯救自己。我开始敲击键盘，列出清单：

我回答不了的问题：

1. 我们还能成为一家人吗？

2. 我会成为单亲妈妈吗？

3. 孩子们的生活会被毁掉吗？

4. 孩子们会有另外一个妈妈吗？

我停下来，盯着最后一个问题，灵魂在呐喊：不要啊，不要啊！然后接着往下写：

我该怎么办？

我又列了一份清单：

我能回答的问题：

1. 我被爱着吗？是的。

2. 我的孩子们被爱着吗？是的。

3. 我以前走出过低谷吗？是的。

我盯着最后这个问题，想起了刚刚读到的东西——"灾难"（disaster）这个词是"星星"（astro）和"缺失"（dis）的集合。只有眼前一点光亮都没有，那才算得上是真正的灾难。我坐在电脑前面，感觉自己被黑暗一点点吞噬，急需找到一丝光亮。

很快，我又列出一份清单：

我知道的东西：

1. 有些事你不知道，是因为还没到时间。

2. 还有更多的事会被揭露出来。

3. "危机"一词源于"筛选"。让该离开的都离开吧，等到尘埃落定，剩下的就是真正重要的东西。

4. 最重要的东西别人无法夺走。

5. 做下一件该做的事，一步一个脚印，一切都会好起来。

我把三份清单打印出来，带上床，瞪大双眼望着天花板，心头始终萦绕着一个问题：我该怎么办？我强迫自己将这道不可解的难题翻译成可解的问题，把"我该怎么办？"换成"下一步我该怎么做？"

我的计划是：

我要睡觉。等太阳升起，我会做早餐，送孩子们上学，然后回家休息。

我一遍遍念叨这个计划，呼吸逐渐放慢，变得平稳。

我要睡觉。等太阳升起，我会做早餐，送孩子们上学，然后回家休息。

做下一件该做的事，一步一个脚印。

我实在太累了，便转身关上台灯，手里仍然攥着那三份清单，就像它们是手电筒一样。我要带着光亮走进黑暗。我攥着自己写的东西睡着了。词语就是我用来照亮道路的明灯。这不是灾难，只是一次危机。我就像沙滩上的孩童，手捧细沙任其洒落，筛出珍宝存于掌心。就这样，我进入了梦乡。

第九章

人生，总有觉醒的时刻

悲伤像块橡皮，擦掉了一切，只留下痛苦和恐惧。

我不知道明天会是什么样，但在今天，请赐予我足够的精力、智慧、力量和平静，好应对即将发生的事。请帮我忽略那些重大决定，让它们顺其自然吧。请让我只关注琐碎的小决定。起码在这一天里，我会努力活出真实的自己，深信第二天会有全新的力量，让我面对一切。

我不记得第二天去机场接妹妹，不记得两天后爸妈过来探望，不记得告诉孩子们爸爸妈妈非常相爱，但需要分开一段时间，不记得叫克雷格出去租房，但允许他带走家里的一条狗，也不记得给他制订探望孩子的时间表。悲伤像块橡皮，擦掉了一切，只留下痛苦和恐惧。

　　我的愤怒像一片汪洋大海，偶尔会有风平浪静的时候，但风暴总是来得让人猝不及防。波涛在我内心翻滚，汇聚力量，直到我什么也做不了，只能听命投降，任其摆布。我站在车道上给克雷格打电话，诅咒他不得好死。"死都比这强！"我扯着脖子冲他吼，"死了就不用跟你打交道了。我可以告诉孩子们你是个好人，静静哀悼，然后再找个人开始新生活。如果你死了，孩子们就是我一个人的了。我保护孩子们，你却抛弃他们。你这种人竟然还有脸活下去，简直太自私了！"怒潮退去后，我筋疲力尽。

　　我的想象力像一打开就会跳出小丑的惊吓盒。我经常一想到克雷格跟其他女人上床的情景就喘不上气来。我会在脑海中勾勒出一幅画面：克雷格出差时不接我电话，因为他正在酒店里跟其他女人打得火热。我想象孩子们在学校里对朋友说："后妈带我们去迪士尼乐园玩了……"通常，当这些"幽灵"蹦出来的时候，我会一下子失去平衡，必须扶住身边的墙，以免一头栽倒在地。就连自己的头脑都不肯善待我。

抑郁像一团阴沉的浓雾。大雾消散的时候，我能跟孩子们好好相处；雾气毫无征兆地重新聚拢后，我又会动弹不得。我把一切都交给爸妈处理，自己则上床呼呼大睡。睡眠是天父的馈赠，是我唯一的逃生出口。但这么逃避的代价是，醒来后会发现一切都不是梦。这就是我的生活。

悲伤像一堵结实的砖墙，挡在我面前。我想铲平它，跨过它，一块砖一块砖地卸了它。我渴望破墙而出，这样才能看见前方的道路。但它寸步不让，巍然耸立，不允许我挪动一块砖，只允许我靠在墙上，筋疲力尽。悲伤是漫长的等待，可怕的忍耐。它无法摧毁，无法跨越，无法回避，只能硬扛。要活下去就要向它屈服。

没有所谓的进展，即使有，道路也无比曲折。每天醒来，我都要攀登同样的山峰，那是由悲伤、愤怒和恐慌形成的山峰。在攀登的过程中，偶尔会有温馨的回忆悄然出现。我生日那天早上，克雷格和孩子们身穿印有我们婚礼照片的 T 恤，一边咯咯直笑，一边踮着脚尖走进我的卧室；克雷格第一次抱起蒂什的时候，脸上滑过两行热泪；克雷格半夜推醒我，叫我看旁边，三个孩子和两条狗一起挤上了我们的床。这些是我们共同的经历，我们建立了一个家庭。我们失去了那么多，而我想念那一切。但我想念我们建立的家庭时，也在想念帮我建立这个家庭的男人吗？我不知道。我像弹球一样摇摆不定，既想教他下地狱，又希望他能回来。

☂

有一天，我跟爸妈坐在沙滩上，看着孩子们踏浪嬉戏，开口说道："我打算跟他离婚。"

爸爸点点头："有些人为了孩子一辈子熬着不离婚，等到另一半去世，才真正活出了精彩。每个人，包括孩子们，都在想：她干吗不早点这么做？她本可以拥有完整的人生！你该做什么就去做吧。我们存了不少钱，也有的是时间，会陪着你的。"我看着爸爸，心中无比平静。我想牢牢抓住这份平静，但注意力很快就被追逐嬉戏的孩子们吸引过去了。我的平静消失了。不，不。这个计划行不通，完全行不通。我不能失去他们。为了不让他们心碎，我宁可永远装下去。

第二天，我打电话告诉妹妹："我决定不离婚了。我要为婚姻而战，让一切好起来。"

她说："没问题。我会陪着你，陪你一步步走下去。"我心中顿时充满希望。没错！这就是答案！但接下来，我瞄到了镜子里的自己，心想：不，这行不通，绝对不可能。我装不下去。我的希望破灭了，对妹妹说："算了吧。这么做也不行。"

她停顿了一下，说道："也许，就现在来看，唯一正确的决定，就是不做决定。"

她说得对。她看出来了，我想用确凿无疑的东西驱散痛苦，就像自己离解脱只差做出一个决定了。焦虑就像流沙，我陷入沙坑，越是挣扎，沉得越快。要想活下来，就得避免轻举妄动，接受不舒服的感觉，在没有答案的情况下找到内心的平静。我不知道该怎么办。说实话，我只是不知道未来会是什么样。

　　这一次，我能采用的唯一方法，就是当初戒酒的方法：做下一件该做的事，一步一个脚印。道路的尽头虽然看不见，但如果我拼命睁大眼睛，还是能看见下一步的。我看见的就是每天静坐几分钟，摒除杂念，对自己说：请让我熬过今天吧。我不知道明天会是什么样，但在今天，请赐予我足够的精力、智慧、力量和平静，好应对即将发生的事。请帮我忽略那些重大决定，让它们顺其自然吧。请让我只关注琐碎的小决定。起码在这一天里，我会努力活出真实的自己，深信第二天会有全新的力量，让我面对一切。

☂

　　那个微弱而平静的声音日复一日地提醒我，下一件该做的事就是远离克雷格。但我不想这么做，只想教那个声音放过我们。但等我冷静下来，就会清醒地意识到，离开克雷格意味着与上帝、真实、光明为伴，而回到他身边——靠婚姻带来的安全感逃避恐惧和孤独——则意味着抛弃真实的自我。自我背叛意味着让恐惧战胜那个微弱而平静的声音。我绝对不能这么做。我可以选择第二条艰难的道路——离开克雷格，直面家庭破裂，过孤独的生活——这样就不用背叛自己了。如果我想知道这个世界上到底有谁不会背叛我，就必须自问自答："照照镜子吧，她不会背叛你。"

于是，问题从"我还能不能再信任克雷格"变成了"我还能不能信任自己"。这个问题才是关键。我做出了艰难的抉择，决定学会信任自己。我希望成为那种能照顾好自己的人。

我和上帝都知道要做什么，但向别人解释的时候，我的看法会发生动摇。当朋友问"出什么事了？"的时候，我只想抄起花瓶砸到地上，说"出了这件事！"有几次，我把它当故事讲出来，最后却后悔不迭。用语言描述这件事，实在太有条理，太像故事，太平淡无趣。我无法用平淡无奇的语言描述自己内心的恐惧和愤怒。我希望自己语带风雷，希望人们听完后像我一样震惊，一样困惑。但大多数情况下，人们为了让自己舒服些，只会加剧我的痛苦。

如果对方是富有使命感的人，听的时候会很紧张，然后急忙解释"每件事发生都是有原因的""这不过是黎明前的黑暗"或者"上帝对你另有安排"。要站在我的立场上去体会婚姻破裂实在太难了，所以她会用这些陈词滥调把我混乱的生活规整一番，然后高人一等地指指点点。她会让我向前看，往前走，跳过艰难的部分，直达幸福的终点。她会修改我的故事，好配合自己那些自欺欺人的认识："好人有好报""人生是公平的""最后一切都会好起来的"。我知道这是怎么回事。这是成就大事的好机会！只有强者才会遇到艰巨的挑战！这其实是件好事，你以后会知道的。她会斩钉截铁地下结论，伸手将我推向希望的大门。但我不想被人推着前进，只想按自己的节奏慢慢走。但她可等不了，只想走到聚光灯下，成为我故事里的主角。看着她一脸乐观、自信满满的样子，我只好蹑手蹑脚地溜向后台。没错，你说得对，每件事发生都是有原因的。

　　如果对方是爱做比较的人，"听"的时候会频频点头，仿佛我的痛苦印证了她早就知道的事。我话音刚落，她就开始摇头晃脑，口若悬河，说起自己的故事来。这种人不承认我的痛苦是独一无二的，一口咬定天下苦痛都是相通的。她不会把我的事当作一件活生生的痛苦经历来看，而是给它贴上事先就分好类的标签。她口口声声说我们是一样的，因为她大学时也有过痛苦的分手经历。要不就是，我很像她的好友朱迪，朱迪也刚刚"经历过这种事"。我发觉自己被迫听了一段故事，一个叫朱迪的女人的经历，还不得不时不时地点点头，发出表示遗憾或惊叹的啧啧声，感慨可怜的朱迪的人生。我实在太绝望了，所以爱做比较的人希望让我分分心。咱们来聊聊朱迪吧，因为现在聊你的事太难了。于是，我的故事成了一长串故事中的一个，我家里的事成了另一家人的事，我的孩子"跟朱迪家那些可怜的孩子一模一样"，我的丈夫"跟朱迪的老公一副德行"。但问题在于，只有回忆中的痛苦才是放之四海而皆准的，正在经历的痛苦则是独一无二的。我现在的痛苦跟朱迪的一点也不像，朱迪的痛苦也跟我没半点关系。但爱做比较的人硬要说我们是一样的。只有特殊的人才有权利悲伤，而我的故事一点也不特殊，所以她不肯表示惊讶。这有什么新鲜的?

跟朱迪没什么两样啊。

爱解决问题的人会把我的事视为一个难题，而她有解题妙方。我只需要她的资源和智慧，就能搞定一切。她告诉我，我只需要努力祈祷，只需要重新找个男人，只需要离开克雷格，只需要保持现状，或者读读某本神奇的书，那本书在她朋友身上创造了奇迹。爱解决问题的人坚信，绝对有办法摆脱眼下的混乱。因为如果承认无序是正常的话，就相当于承认她的生活也有可能在未来某个时刻变得一团糟。不，不，不。婚姻是有套路可循的。她坚信我和克雷格走到这一步只是因为没有按照套路来。这个想法给了她安全感。我实在没精力告诉她，她说的研讨会我早就参加过，她说的书我也早就读过。我实在没心思跟她争，说生活根本不会按你划定的条条框框走，了解再多的知识也不能帮你避免痛苦。"没问题，"我说，"我一定会去读读那本书的，多谢啊。"

爱传八卦的人对细节表示出超乎寻常的好奇。这种人会跨越关切与八卦之间的界线，提出很多不合时宜、涉及隐私的问题，脸上一副无比期待的样子。她不是在听我讲述，而是在打探信息。后来我才知道，她立刻就把消息传开了，用的还是关切的口吻："各位亲，我真担心克雷格和格伦农。你听说那件事了吗？记得为他们祈祷哦。"我的经历是完全属于我的东西。窃取别人的经历作为谈资，是最可恶的盗窃行为。

接下来是所谓的"受害者"。有些人从别的途径听说了我的事，发消息过来说他们很受伤，因为我竟然没有亲口告诉他们。他们觉得，以我们的关系来说不该是这样。就像承受痛苦的人必须按亲疏远近关系——通知所有认识的人，这样才符合礼节。就像对家庭分崩离析的年轻母亲来说，最关注的应该是朋友们的看法。收到这些"受害者"的信息后，我才算是真正理解了什么叫"寒彻心扉"。

最后，还有一群所谓的"教会代言人"。她们深信自己知道上帝对我的安排，觉得"有义务"引领我走向上帝。上帝啊，饶了我吧。

搬到那不勒斯几个月后，我给孩子们填写复学申请，却发现"紧急联系人"一栏无人可填。我们无比渴望的自由化为了孤独。如果我们生病了，谁会送吃的过来？搬家之前，我们是教会的一分子。教会就像一个村落，其他大人看见我们的孩子会满脸笑容，反过来，我们也深爱他们的孩子。我们怀念那时的生活，所以决定加入新的教会。我们去了一所自诩年轻时尚的教堂。第一次去的时候，我们被咖啡吧、摇滚乐队和无数看起来亲如一家的家庭吸引了，觉得自己可以融入其中。但渐渐的，那个教会让我感觉越来越不舒服。首先，教会负责人没有女的，而且全是白人。其次，那里似乎有种潜在的态度，重视多数族裔的权利，轻视穷人和边缘人士。牧师似乎更看重教会的声望，而不是被拒之门外的人们的疾苦。我知道这个教会不适合我们，正打算另找一个，突然出了克雷格的事。这个时候，我急需集体的温暖。

分居几个星期后，一个只有点头之交的女人在教堂走廊上抓住了我的胳膊。我冲她笑笑。她歪着脑袋，眉头紧锁，满脸同情。我心想，坏了，又来了。

"可以聊聊吗?"她问。

不行,我想。"当然了!"我说。

她说:"我们的读经小组听说了你的事。亲爱的,我们觉得有义务提醒你,离婚是件危险的事。离婚不是上帝对你们家的安排。我们爱你们的孩子,将他们视如己出,不希望他们受苦。亲爱的,上帝垂怜一夫一妻组成的家庭,如果你走出他的保护伞,就无法保证他会保护你了。上帝安排你成为克雷格的帮手,你的责任就是帮他熬过这段艰难时期。这里有些上帝的教诲,如果你愿意的话,我们可以跟你分享。"

她在包里摸索的时候,我冷冷地瞪着她,心头燃起了熊熊怒火。我感到愤怒,因为肯定有不止一个女人被教会告诫过,上帝更看重她的婚姻,而不是她的灵魂、安全和自由。我感到愤怒,因为肯定有不止一个女人被教导过,上帝就是男人,男人就是上帝。我感到愤怒,因为肯定有不止一个女人被提醒过,她应该被钉死在婚姻的十字架上。

我听见自己开口了:"不好意思啊,你觉得发生了什么事?"

"你离开了他,对吧?"我还没来得及作答,她眉头紧锁的脸上就多了一抹自命不凡的笑容。直到这个女人站在我面前,坚信不需要了解实际情况就能给人指点迷津的时候,我才明白了什么叫作"自命不凡"。她甚至不想去了解。这个教会希望女人知道的越少越好,这一点让我震惊不已。

我环顾教堂的高墙,有那么一瞬间,似乎能看见矿井里的有毒气体。这个女人来找我谈话,不是以女人的身份,而是以教会代言人的身份。对这个教会来说，最重要的是让我和她这样的女人永远分不清离开男人和离开上帝的区别，永远弄不懂服从上帝和服从男人的区别。这种地方牢牢把控、秘不示人的秘密是：上帝对芸芸众生是平等的，是不分男女的。就是这个！保守这个秘密就是有毒气体。这就是为什么女人在这里会停止歌唱。

我朝走廊另一头望去，看见蒂什排在主日学校的队伍里。她看见我，小脸一下子亮了起来。在那个瞬间，我突然意识到，我不欠这个教会任何东西，用不着付出健康、尊严、沉默和苦难作为代价。我不需要对这个地方负责，只需要对上帝、自己和女儿负责。而这三者都不希望我用懦弱换取力量，用无知换取忠诚，用依赖换取垂怜。女儿不希望我为她而死，也从未对我提出过这样的要求。女儿只希望我为了她好好活下去。她需要我向她展示的，不是怎么装作生活是完美的，而是怎么勇敢坦诚地面对不完美的生活。她需要从我身上学到的，是上帝没有被关在这四面墙里，是这四面墙里的人并不拥有上帝，是上帝对她的爱远远超过所有为上帝建造的教堂。只有我先深信这一切，她才可能学到。只有我先明白这一切，她才可能弄懂。只有妈妈持续歌唱，她才可能学会歌唱。

内心那个微弱而平静的声音说，赶紧离开这儿吧。我转身面对那个女人，目光落在上方圣母马利亚和圣子耶稣的画像上。我知道自己可以说些什么了。"你凭什么确定上帝垂怜一夫一妻组成的家庭？看看你头顶上的画吧，上帝选择了一位未婚的年轻女子做圣子的妈妈。也许对于美好的家庭是由什么组成的，上帝比教会有更深刻的了解。"

她双目圆睁，哑口无言。

我继续说："我离开克雷格，是因为我分得清孰对孰错，而不是恰恰相反。每天早上和晚上，有时每隔二十分钟，我就会跟上帝聊天。你不觉得上帝更可能直接找我聊这件事，而不是派你来说吗？拜拜，祝你好运。我要带女儿离开这儿。"我冲蒂什招招手，她马上冲出队伍，扑进我怀里。老师喊她归队，我笑着说："不了，我觉得她还是这样比较好。她没事，我要带她走。"我们一起转身离开教堂，走到空气清新、阳光普照的户外。我们手拉着手，笑语晏晏，朝车子走去。上帝与我们同在。

我再也没有回过那所教堂，再也没有跟外人谈起我的婚姻。我不再寻求别人的建议，不再假装不知该怎么做。我知道该怎么做，一步一个脚印往前走就行。我不再给别人解释，因为我发现做决定跟孰对孰错无关，只跟自己有关。怎么做决定是你自己的事，别人是无法理解的。上帝会直接跟人对话，一次只跟一个人。因此，我只需要认真倾听，遵照指示。需要解决问题的时候，我会投入写作。写作的时候，没有人能偷走我的痛苦，污染我的认知。我才是自己故事的主宰。

第十章

那些爱与勇气的人生启示

有时候，让女人回心转意的不是爱情，而是筋疲力尽、孤独无依，是耗尽了力量和勇气，不愿再为过去从未注意过的夜间噪音担心受怕。

　　或许妥协并没那么糟糕，或许难以离开是留下的好借口。这就是我的决定。爱不是胜利的凯旋，而是求主垂怜的苦修。

　　爱和美充斥着我的内心，让我振作精神，犹如重获新生。或许万物皆有其时，上天自有安排。

几个月一晃而过，尽管我不情愿，但圣诞节还是来临了。这是我们家第一次分居两处过圣诞。在孩子们面前，我和克雷格拼命装出为过节而高兴的样子。有一天晚上，克雷格送来一棵树。那是我见过的最难看的圣诞树——毫无生气，枝枯叶疏，灰头土脸——好一棵佛罗里达的圣诞树啊！他把树扛进屋的时候，细细的针叶落了一地，仿佛下了一场大雨。克雷格整理枝丫的时候，故作乐观地哼着小曲，我则以沉默作为回应。我真想破门而出，因为那个场面实在太教人尴尬了。即使屋里放着圣诞音乐，也显得那么做作而空洞。

　　我叫孩子们把要挂在树上的装饰品从包装纸里拿出来，然后示意克雷格跟我进洗手间。我关上门，他一脸期待地看着我。

　　"我要申请离婚。"我说，"你应该知道，我不想复合。我不爱你，也不信任你。现在，没有多少事情是我能确定的。但我清楚一点：我永远、永远都不会再跟你上床。我们的婚姻完蛋了，一切都结束了。"

克雷格坐在浴盆边缘，茫然地看着我，肩膀塌了下去，看上去筋疲力尽。他的胳膊肘撑在膝盖上，双手捂脸，什么也没说。

"我刚收到一个离异的朋友寄来的圣诞贺卡，"我一边说，一边举起贺卡给他看，"瞧瞧，瞧瞧这个。她嫁了个新老公，她前夫娶了个新太太。他们的孩子都在。圣诞节早上，他们聚在一起。我们也可以这样。我们不可能回到原来的样子，但可以找到别的相处方式。我们可以组建一个全新的大家庭，给孩子们更好的生活。"

克雷格一直没有说话，过了好一会儿才清了清嗓子："我不准备娶别人，格伦农。我不会这么做的。我永远不会放弃。我不想要那张圣诞贺卡上的家。我想要我的家。"

他哭了起来："格伦农，我换了个心理咨询师，每隔一个星期去一次。我在努力变好。我要变成配得上你和孩子们的男人。"

"你确实该接受心理咨询，也该努力做到最好——那是你欠自己和孩子们的。孩子们需要一个诚实的男人做爸爸。但别为了我这么做。如果你这么做是为了我，那纯粹是浪费时间。我跟你已经没戏了。我要离开，克雷格，永远、永远都不会回头。你还是向前看吧。"

他痛哭流涕："好吧，格伦农。你要好好的，照顾好自己。我理解你需要这么做，但你不能强迫我也这么做。无论你怎么做，我都不会放弃的。我每天都会过来，照顾你和孩子们，因为你们是我的唯一。哪怕下半辈子只做这一件事，我也要重新赢回你的心。即使没有办到，也绝对不会是因为我放弃了。我永远都不会放弃的。"

他的眼泪非但没有打动我，反倒让我觉得恶心。这眼泪来得太晚了。他不是为我们流泪，而是为自己流泪。"那你这辈子都要浪费了，克雷格。"

"不会浪费的。就算没用，也不会浪费。为你和孩子们而奋斗，永远不会浪费。"

"不过是说说罢了，话谁不会说啊。你知道的，对吧？这些话一点意义也没有，对我来说一点意义也没有。"

"我知道，"克雷格轻声说，"我知道。"

我们一起走出洗手间，冲孩子们微笑，开始装饰圣诞树。

🌂

一天下午，我打开好友林恩发来的邮件："消息收到。完全支持你的决定。少了他，你活得怎么样？"

因为是用文字聊天，我觉得可以回答这个问题。

挺艰难的。现在，让我沮丧的不是情绪问题，而是日常琐事。我原本以为自己和克雷格在婚姻中的"分工"不错，现在才知道其实"分"的是"力"。我不知道该怎么生活，所以成天感到无力。我不知道怎么修空调，热得都快化掉了。我不知道我们的钱在哪，总共有多少，账单有没有交过。我不知道自己的信用卡离刷爆还有多远，因为我压根不知道信用卡额度是多少。显然到处都要用到密码：银行、孩子们的医疗记录，还有其他所有东西。我竟然连自己的密码是什么都不知道。今天我的车子熄火了，有人停在我们后面。请他帮忙似乎挺危险的，但我有什么选择？我和孩子们完全靠陌生人的善意活着。

还有，我们没法吃罐头食品，因为我打不开。我试了好多次，气得眼泪都出来了，因为——该死的，我应该打得开啊！我知道孩子们都在想：这就是为什么我们需要爸爸。昨天晚上，我好不容易把孩子们哄睡着，全身骨头像散了架一样，一头栽倒在沙发上。我拿起遥控器，但竟然打不开电视！遥控器上有五十个键，但没有一个写着"开"。我完全绝望了。不能喝酒，电视就成了我唯一的避难所。有那么多解决不了的问题等着我去处理，大晚上的我需要好好放松一下。但我放松不了，因为我不会用那个该死的遥控器！我想过叫醒蔡斯，找他帮忙，但我不能让他这么小就撑起这个家。于是，我发疯似的一通乱按，每个键都按了有六七次吧，心里恨不得把遥控器砸个粉碎。但我没有那么做，只是躺在沙发上，盯着天花板，猜想有多少女人忍受糟糕的婚姻，只是为了漫长的一天结束后能好好看个电视！肯定有不少，我敢打赌。你说是谁发明的遥控器啊？男人！遥控器就是个阴谋，是镇压女人的工具。应该让女人发明个解放遥控器。我能，但我实在太累了。我一直在想，自己需要学会这些东西，免得以后再结婚不是因为想找个伴，而是因为需要个做杂活的！因此，我努力学习该怎么生活。我找到了修理工人和空调公司的电话，写下来贴在冰箱上，旁边是一串账户密码。每次看见它们，我都觉得自己又变强了一点。

过了一个星期，我收到林恩寄来的快递。里面是个开罐器，附了一张便条："现在我们可以自己开罐头了。"

☂

克雷格履行了在洗手间里许下的承诺，每天都过来。早上我出门的时候，会发现车子从上到下被擦得干干净净，油箱也加得满满的。回家的时候，会发现门口台阶上放着一堆食物和杂货。我收到克雷格发来的邮件，上面列出了孩子们预约检查牙齿和体检的时间。他说会处理好一切，让我好好休息。他还发给我蒙福之子乐队的名曲《我会等待》（*I Will Wait*）的歌词，说他每天晚上开车时都会边听他们的专辑边默默流泪。我到学校接孩子，会看见他在教室里，帮老师整理信件，或者陪孩子们读书。有一天我打开门，看见三份包装精美的生日礼物，是为孩子们周末参加派对准备的。礼物下面压了张字条：格伦农，我不能不做他们的爸爸，不能不做你的丈夫，哪怕只能在远处默默付出。他真的在努力，给我的感觉跟过去很不一样。他通过默默付出表达爱意，这种爱给人感觉更可靠，更有创意，不那么自私。我已经明确告诉他，他付出的爱不会得到任何回报，他却仍然无怨无悔。这不是交易，因为我不用回应。在我看来，这倒挺有意思的。

有一天下午，我打开邮箱，看见一封寄给克雷格的信，信封上是女人娟秀的笔迹。我站在街上，盯着那个粉色的信封看了好一会儿。上面没有回邮地址。天哪。我只觉得肾上腺素狂飙，说不清是恐惧还是激动。克雷格竟被我抓了个现行！这对我来说到底是胜利还是失败？我已经不知道我们到底是队友还是对手了。我一屁股坐在草坪上，默默提醒自己，如果我拆开这封信，不管里面写的是什么，都不可能当作没看过了。然后，我艰难地咽了口口水，扯开信封。信上只有三行字：

克雷格，谢谢你对我们这里妇女儿童的贡献。

对你的奉献和善意，所有人都铭记于心。孩子们爱你！

带着敬意和感激的唐娜。

卡片上印着一个标识——受虐妇女儿童避难所。我反复读了几遍，然后回屋给克雷格打电话，把信的内容大声念给他听。"这是怎么回事？"我问。

"我想变好，格伦农。"他回答，"我在试着学习。没法陪着你们的时候，我需要做点好事。"

☂

孩子们都去见了心理咨询师，这有助于他们应对父母分居的问题。尽管我告诉克雷格我决定离婚，但出于某种原因，我始终没有给律师打电话。我想离婚，又不想离婚。无论怎么做都没法让我的内心平静下来。三月的一个下午，我走进孩子们心理咨询师的办公室，问咨询师进展如何。她说："格伦农，你必须尽快为你的婚姻做出最终决定。"她解释说，只要情况不是模棱两可，无论是离婚还是复合，孩子们都能接受。

我看着她："你的意思是我应该赶紧做决定？"

　　"是的，我想说的就是这个意思。"她答道。

　　这是个糟糕的建议，仓促做决定绝对不是什么好主意。但她似乎坚信应该这么做。而我被逼到死角后，也觉得这是种解脱。我实在太疲惫了，始终担心孩子们。他们成天都问，爸爸什么时候回来啊。我不能告诉他们，爸爸永远不会回来了。我改主意了，决定邀请克雷格回家。

　　有时候，让女人回心转意的不是爱情，而是筋疲力尽、孤独无依，是耗尽了力量和勇气，不愿再为过去从未注意过的夜间噪声担惊受怕。有时候，甚至不是噪声，而是宝宝学说新词后屋里的寂静，是没有人为此惊叹。有时候，女人的生活中需要见证者。她俯视着生活中遍地的荆棘，轻叹一声，心想，或许妥协并没那么糟糕，或许难以离开是留下的好借口。这就是我的决定。爱不是胜利的凯旋，而是求主垂怜的苦修。

　　当天晚上，我给克雷格打电话，告诉他可以搬回来了。我说："我们得慢慢来，先试试吧。"

　　他沉默了一阵子，终于开了口："谢谢，格伦农。"

　　当天晚上，他就踏进了家门，手里拎着包。孩子们一头扎进他的怀里，他则强忍泪水，羞怯而安静地拿出行李。我看着他重新占据家里的衣柜，重新挤进我们的生活，觉得既别扭又亲切，同时还有几分畏惧。

　　那天晚上，我躲在衣柜里换睡衣，尽可能跟他之间多隔几道门。衣服换到一半，门外传来克雷格走近的声音。当时我睡裤还挂在脚腕上，生怕他闯进来瞧见我赤身裸体。我的心提到了嗓子眼，想赶紧把睡裤提起来，却不小心绊了一跤，头重重磕了一下。我的脸紧贴地毯，心怦怦直跳，但两条腿被裤子缠住，身体丝毫动弹不了，只能躺在那里，泪珠滚滚而下，祈祷他千万不要进来看见我这副样子。过了好一会儿，我才缓过劲来，起身穿好睡裤，套上帽衫，把每一寸皮肤都捂得严严实实的。当时才八点，我就爬上床，用被子裹住身体，拼命缩进角落里。我不想让克雷格上床，不想和他分享我的床、我的衣柜、我的生活。克雷格的归来并没有带来解脱，更像是一场入侵。

第二天早上，克雷格带女儿们出去吃早餐，我带蔡斯去动物园玩。我们在狮笼前面停下了脚步。威武雄壮的狮子在笼子里来回踱步，肌肉上下起伏，离我们只有几寸远。突然，它停了下来，直勾勾地盯着我们。我和蔡斯也静静盯着它，看得入了迷。蔡斯说："它真美。"

我轻声说："是啊，它真美。我们可以站在这里，欣赏它的美，一点也不用害怕，是不是挺奇怪的？"

蔡斯说："对啊。有铁栏杆呢。"我握住一根铁栏杆，想象自己先是躺在衣柜地上，后来又缩在床角的模样，思考为什么我会突然那么恐惧，那么愤怒，为什么我从克雷格身上感受到的温情会荡然无存。我感到恐惧和愤怒，是因为铁栏杆消失了。分居让我感到安全，但现在我们又同床共枕了，铁栏杆消失了。当你担心会被撕碎的时候，不可能注意到狮子的美。

接下来的两个星期里，我试图用层层衣物、转身背对、僵硬的肩膀和不悦的神情来打造属于自己的铁栏杆。我觉得有必要用疏远和愤怒来保护自己，这样克雷格才能意识到我的痛苦。但因为孩子们的缘故，我不能总是发脾气。孩子们需要正常的生活，需要心存希望。于是，某天晚上，我把克雷格拉到一边，郑重声明："如果你看见我笑，别以为是我原谅你或者软化了。看在上帝的分上，更别以为是快乐。别以为我笑就是没事了，想都别想。我笑是表演给孩子们看的，表相并不能反映我内心的感受。事实上，我比以往任何时候都气愤。但我还是会表演下去的，因为这是唯一的选择。你剥夺了我无拘无束做自己的权利。至少你不在的时候，我可以坦诚做自己。但现在，我只是个演员。你背叛我就已经够糟糕的了，现在你还逼我背叛自己。"

我确实在背叛自己。这两个星期里，我一直在笑，一直在伪装。在这场婚姻中，我派了分身出马。孩子们看着的时候，我会拍克雷格的肩膀，早餐时帮他倒咖啡，晚餐时回应他开的玩笑。但事实上，我心里就像新婚之夜那样孤独。我担心，只要跟这个男人在一起，自己这辈子都不会感到安全。我担心，自己得永远做个演员。

☂

六月一个星期天的早上，我走进厨房，看见克雷格正在做早点。他给烤薄饼翻面的时候，孩子们唱起歌来。阳光透过窗户照进来，歌声在屋里飘扬。一切看上去是那么理想，那么完美，美好得不像真的。我静静观望着，直到蔡斯喊起来："妈妈！快过来！"他们一起转过身，冲着我，脸上满是笑容。我知道，此时此刻我只需要走过去，重拾幸福主妇的身份，拥抱克雷格，给他一个眼神——让我们重新开始吧。忘掉过去，重新成为梅尔顿夫妇。我会做个好太太、好妈妈，让你们感到幸福的。为了他们，我渴望这么做。那是一种前所未有的渴望。我心里清楚，走过去是最现实的选择。我渴望被拥抱，被关爱，重返温暖的家庭。

但内心平静而微弱的声音不允许我这么做。那个声音坚持说，如果我现在走过去，就是在拒绝这场危机的馈赠。危机是一次筛选，一次邀请，让我任由一切从指缝间滑落，只留下别人永远夺不走的东西。这份痛苦能让我认清自己是什么样的人。十一年前，看到验孕棒上的小蓝杠时，我认定长大成人就意味着扮好自己该扮演的角色。长大成人就意味着改变，所以我也跟着改变，变成了妻子、母亲、教会信众、职业女性。扮演这些角色的时候，我一直在等待自己长大成人，到那时就无须装作成熟了。但那一天始终没有到来。那些角色只是套在我的身上，就像戏服一样。

我曾用来伪装自己、界定自己的角色，现在已被全部撕毁。现在，我每天早上醒来，都会感到困惑、迷茫、不安、无助。我想知道，我到底是谁？在没有变成其他人之前，我到底是什么样子？那个别人夺不走的真实的我到底是什么样子？那个不会因我爱的人、我做的事而改变的我，到底是什么样子？那个愿意或不愿重返家庭的女人到底是谁？在我做出决定之前，必须先弄清这些问题。这只是漫长道路上的第一步罢了。时机还没到，那个声音说。时机还没到。看清本质，保持本性，格伦农。保持本性，直到你弄清自己到底是谁。因此，我冲他们笑笑，转身走回卧室，锁上了门。

我打开电脑，开始查找附近的海滨酒店，发现几千米外就有一家，便打电话给前台询价。房价实在高得离谱，但我还是预订了一间海景房，然后从衣柜上层取下行李箱，把泳衣、外套、睡衣、人字拖、茶包统统塞进去，还有三根蜡烛和一盒火柴。接着，我回到厨房，问克雷格有没有时间聊两句。他跟着我走进卧室，我告诉他："我要出去几天，自己一个人，去想清楚一些事。"

"没问题，"他说，"去吧，别着急。这儿有我呢。"

当天下午，我去酒店办了入住手续，坐在房间里，四处打量，抑制住打开电视的冲动。我清楚，自己需要安安静静地待一会儿。我打开通往阳台的推拉门，躺在床上，进入了梦乡。第二天早上睁开眼睛之前，我先听到了海浪拍打沙滩的声音。它触动了我内心深处某个地方。涛声不是向我晕眩的头脑或挣扎的心灵发声，而是对我平静而强大的灵魂倾诉。它使用的语言，我在学会人类语言之前便已通晓。我静静地躺在床上，整整两小时，任由海浪拍打自己的灵魂，只顾倾听，只顾接受，并未回应。我心存感激，知道自己可以永远在此休憩，不需要给大海任何回报，而它永远不会停止向我诉说。海浪温柔无私，坚定不移。这不是交易，而是馈赠。

我想要亲近大海，便站起身，套上运动衫和瑜伽裤，扎起马尾辫，又从衣柜里拿了条毯子，下楼朝海滩走去。我把毯子铺在沙滩上，面朝滚滚的海浪。现在，我不但能听见涛声，还能看到海浪，感觉凉爽的海风了。无论朝哪个方向看去，都是海天一色。极目远眺，视线范围内只有海洋、沙子和天空。我蜷起身子，就这么在沙滩上睡着了，一觉醒来已是黄昏，肚子饿得咕咕叫，这才离开毯子，回到房间，沏了杯茶，吃了点零食。在此期间，我的房门一直是敞开的。我无法忍受与大海分离，即使是片刻也不行。我端着茶和吃的回到沙滩上，在毯子上坐下，正赶上夕阳西下，霞光满天。只见天穹笼罩大地，四周全是七彩霞光，我就像身处雪花玻璃球之中。天空、微风、彩霞、暖意、浪尖上盘旋的海鸥、海中觅食的鹈鹕……这一切都给我疲乏的心灵注入了全新的活力。爱和美溢满了我的内心，让我振作精神，犹如重获新生。我觉得被接纳了，也有了安全感。

海浪继续有节奏地拍打沙滩，我相信它会一直这么拍打下去。夕阳正在缓缓落下，但我知道它会再度升起。世间万物都是有规律的。这让我不禁想到，自己的人生是否也有同样的规律，一种美好而自然的韵律，如潮起潮落，昼夜交替。我想知道，是什么让天空美得如此令人心悸？它能不能让我的生活变得同样美好？

夕阳终于消失在了地平线之下。尽管我亲眼目送它离开，心底却深知，真正离开的其实是我。太阳一直在那里，光芒万丈，我只需要有点耐心，好好休息，就能再次看见它。光明有时候会消失，但总会重新出现。和太阳作别后，我鼓起掌来，以尽观众的义务。我满怀敬畏，如释重负，全身舒坦，只是觉得有点冷。一切都很好，一切都很正常。

海滩上的其他人开始陆陆续续地离开，但我还不打算走。我静静等待，发现天空在夕阳西下后仍然魅力无限。深红和绛紫像毛毯一样包裹着我，直到化作深蓝。我扭头望去，只见银色的月牙高悬夜空，就像从深蓝中幻化出的一般。但我知道，月亮一直在那里，只是在等待时机被人看见。白昼为黑夜开路，黑夜又让位给白昼，昼夜交替的神圣韵律让人震撼。我想知道，安排了日夜交替、潮起潮落的创世者，是不是也为我的人生做了同样的安排。或许我正处于这样的循环当中，或许万物皆有其时，上天自有安排。

新月的下方，海滩周围的植物隐隐透出绛紫、深绿和暗粉。我想，也许有些是四季常青的——它们能熬过料峭寒冬，来年春天再度繁茂，有些是一年即逝的——时节到来，则百花怒放，竞相争妍，随即枯萎凋零，化作泥土，为新生命奠基。也许爱永不言败，因为爱的果实就是新生。死亡与复生，或许就是爱与生活之道。我相信，无论我的婚姻是四季常青还是转瞬即逝，总会结出新生的果实。

在暗淡的月色下，我只能看见自己的脚趾。但我意识到，即便是在夜晚，也能看见微光。光明永远不会消失，世上没有彻底的灾难。我感谢月亮，也感谢创造月亮的那个人。我借着月色捡起食品包装纸和马克杯，收起毯子，站起身来，环顾四周，这才发现海滩上只剩下我一个人了。在这片海滩上，我整整待了八小时！我径直走回房间，没有在水池边停下洗脚，把沙粒连同皮肤上咸咸的味道都保留下来，带了回去。而后，我坐在床上，裹着沾满沙粒的毯子，给妈妈打了个电话："妈妈，今天我找到了内心的真爱。我在海边坐了八小时，倾听海浪的声音，感觉它在对我倾诉。它让我觉得安心，向我揭示了万物的规律。后来，夕阳西下，我感觉被天空拥抱着。它像在遮蔽我、保护我。"

妈妈说："噢，宝贝，我想起来了。从三岁的时候起，你就爱听大海的声音。我们只要开车经过海边，你就大喊大叫，挣扎着要从车上跳下去。我们都咯咯直笑，笑个不停。我们一把你放在沙滩上，你就朝大海飞奔而去。对你来说，大海和沙滩就像家一样。"

听她说这些话的时候，泪水从我脸上悄然滑落，就像一次身体的洗礼。这是我从三岁起就爱着的东西，到八十三岁仍会深爱。我独自躺在酒店房间的床上，遇见了真实的自己。我对自己有了一点儿真正的了解，也许还有更多的在等待我去发现。你好，我的内心。我在努力了解你爱的东西。为了我们俩，我会继续努力的，我保证。我已经见过真实的自己了，以后会坚定地捍卫她，就像捍卫我生活中的其他人一样。我再也不会抛弃自己，忽略自己，失去自我。

我又喝了些热茶，然后钻进被窝，打开电视，飞快换台，因为我现在泪点太低了，看见什么都有可能流泪。最后，我锁定了家居改造频道，正上演一对小夫妻买房被坑的故事。他们刚搬进新家，噩梦就开始了。那栋房子又破又漏水，线路还老着火。夫妻俩只好一个问题一个问题地慢慢解决。他们憔悴不堪，担惊受怕，存款也快用光了，对房子、生活和彼此都失去了耐心。最后，他们找了个装修工人，对方说："你们的问题在于，这栋房子的布线有问题。这些墙从外面看似乎没事，但其实内部暗藏隐患。我建议你们把墙砸开，重新布线，或者索性把它卖了，搬去别的地方。你们要么一劳永逸地解决问题，要么把问题留给其他人。"妻子的脸拉了下来。她满怀爱意地看着自己亲手粉刷、挂着家庭合影的墙，无法接受墙里暗藏着足以毁掉全家的隐患，我很理解她。

她说："我已经受够了。咱们搬家吧，重新来过，买栋新房好了。"

丈夫迟疑了一下，说："如果下一栋房子出了同样的问题怎么办？至少我们知道这栋房子有什么问题，只要把墙砸开，问题就一清二楚了。咱们可以重新来过，这回有专家帮忙呢。咱们能把它弄好，变成属于自己的家。还是留下来吧！"我盯着妻子的脸，她看上去是那么疲惫。后来，我睡着了，不知道他们最后决定怎么做。

第二天早上，我又伴着涛声醒来，面带微笑。我独自一人躺在床上微笑，很快意识到这次的笑是发自内心的。我不是在表演，不是被逼无奈，而是因为找到了真正热爱的东西。这个早上，我没有感到恐慌，知道该如何自处，因为我对自己有一点真正的了解。我下床刷牙，冲好咖啡，回到昨天的地方，铺好毯子。当时是清晨六点，一切看上去略有不同，但又像是从未改变。鸟儿在空中盘旋，在浪尖飞舞。鹈鹕猛地扎进水里，捉鱼做早餐。海湾里空气凉爽，天空渐渐亮起来。我独自一人坐在海边，独自见证眼前的美景，不禁觉得有点遗憾。这简直太浪费了！但我提醒自己，这不是浪费，而是专为我准备的。能够享受如此馈赠，我着实感激不尽。

坐在沙滩上，我想起了昨晚电视上的那对小夫妻，不禁扪心自问，我和克雷格的关系是不是就像那栋房子？如果是布线有问题怎么办？我知道自己不能留下来，盯着精心装饰的墙壁，假装里面一切安然无恙。但如果我选择离开，接错的线路会不会伴随着我？如果说我需要把墙砸开，重新布线呢？克雷格去见心理咨询师，是不是就是在做这件事，在重塑自己？我不知道。我不知道克雷格能不能重塑自己，但我清楚，如果我不重新布线，搬到哪里都一样，哪栋房子都会被烧光。现在，坐在沙滩上，看着潮起潮落，我突然意识到，自己在不停地往墙上挂照片，希望这样一切就会好起来。

"咱们可以重新来过，"那个丈夫说，"把墙砸开，把它弄好。"他打算以退为进。我想起自己是多么固执地拒绝让步，是多么斩钉截铁地认定只有向前看、做出改变才能解决问题。但如果说我必须先让步呢？如果说只有"以不变应万变"才能解决问题呢？

我不知道该怎么修补自己的婚姻，只知道需要把墙砸开，正视里面的问题。我无法拯救婚姻，但可以拯救自己。为了自己和孩子们，还有当下和未来的每段感情，我必须做到这一点，也能够做到这一点。这么一来，无论是决定留在克雷格身边还是离开，都是最强大、最健康的那个我在做决定。我眺望着大海、天空和沙滩，心想，我能鼓足勇气砸开心墙——因为掌控一切的上帝也掌控着我。

接着，我回到酒店房间，坐在小桌前，抽出一张纸，列了份清单：

1. 接受心理咨询——采取行动之前先检查布线。

2. 每个星期看三次日落。

3. 一年内不做任何决定。

第十一章

生活就是回归自己原本的样子

生活就是不停地寻找答案，我们由此得以成长和蜕变。

所有的故事都会有一个答案，所有的答案却未必都如最初所愿。

重要的是，在最终答案到来之前，你是否耐得住性子，守得稳初心，等得到转角的光明。

在走进心理咨询师的等候室之前，我先去了趟洗手间，照了照镜子。为了这次会面，我穿了海军蓝外套、西裤和高跟鞋，但看着自己现在的模样，真希望选了其他衣服。我消瘦了不少，活像个纸片人。外套大了一圈，袖口遮住了手，裤子松松垮垮的，裤脚盖过鞋面，一直拖到地上。我看上去一点也不像个职业女性，倒像是小孩偷穿大人的衣服。我凑近镜子，认真审视自己的脸，只见面颊深陷，双眼无神，透过厚厚的妆容也能看出脸色暗淡。还有我的头发……天哪，我的头发！我抬起手摸了摸，再次确认，原先那头美丽的长发真的不见了，再也没有了。

　　几个星期之前，我突发奇想，想把头发剪掉。和咨询师见面的头一天晚上，我给好友蕾切尔发了封邮件，把这个计划告诉了她。她回邮件调侃道："我懂啦！你想通过变丑来挽救婚姻？好主意！"

　　我回复：

老天呀，你想什么呢！我不是要变丑，而是想做回自己。蕾切尔，为什么我们都顶着同样的发型？谁规定得有一头芭比娃娃般的长发才算美？我们要那么美干什么？我甚至不知道为什么要花那么多时间和金钱变美！我一直在改变，去迎合别人的想法，让自己符合当下最性感火爆的流行款，都忘了自己原本长什么样子了。我想知道，在洗尽铅华之后，自己到底是什么样子。顺便说一句，我也没打算挽救婚姻。我的婚姻就是一坨屎。我要么另外找个人结婚，要么永远都不再结婚——只有这两种可能。剪头发纯粹是我的事，跟别人没关系。我就像哲学家梭罗一样，试图抛开基本需求之外的东西，好弄清自己的本质，还有这个世界对女人的基本要求。我要回归原点，忘掉所有让我觉得恶心和愤怒的东西。我不想浑浑噩噩过一辈子，最后发现对自己一无所知。

二十分钟后，蕾切尔回了邮件："好吧，我希望你没对可怜的理发师说这些话。我压力太大了！把我的头发剪成跟梭罗一样！天哪，你还好吧，格伦农？"

"我也不知道。"我回答。我真的不知道。

第二天早上，我走进理发店，在造型师面前的椅子上坐下："全剪了。我要短发，贴着头皮的那种，谢谢。"

造型师凯瑟琳显然是被吓到了。她丢下剪刀，尖叫起来："不！怎么回事？为什么？你头发这么美！我们费了多少工夫才打理成现在这样！别的女人都要嫉妒死了！是不是跟克雷格有关系？"

"不，我也不知道，应该只跟我有关系吧。我只是……只是想看看真实的自己。"

凯瑟琳的态度软化下来。

"好吧，"她说，"就这么做。要不要翻翻杂志，给发型找找灵感？"

"不用，"我的声音似乎有点太大了，"我不想跟别人一样。你就看着剪吧，我相信你。只要剪短就行。"

"好吧。"剪刀开始上下翻飞。我曾经如此珍视这头及腰长发，就像它是自己唯一的珍贵。在短短二十分钟里，眼见长发纷纷飘落，不再是自己的一部分，我感到既惊恐又释然。我再也不想做长发公主了，再也不想让男人攀着我的长发爬上高塔。凯瑟琳剪完后，我盯着镜子里的自己，既着迷又恐惧。我的第一个念头是：我不美了。第二个念头是：也许不美也没关系，我可以变成其他样子。凯瑟琳默默看着我，满脸同情和关切，两只手按在我的肩膀上。我挺直腰板，感觉她似乎在说"我理解你，支持你"。我热泪盈眶，她的眼睛也湿润了。

她说："觉得怎么样，小格？要染一下吗？银灰色怎么样？"

"不用了，"我说，"这样就行，已经很好了。这就是我想要的，找回自己原本的样子。"

"你看上去很美……很坚强。"

"谢谢。"我轻声说，然后结账，开车回家。刚迈进家门，两个女儿就跑了过来。她们一边哭一边摸我的脑袋："妈咪，你做了什么呀？"我想，我打破了规矩。

但眼下，盯着自己短短的头发，骨瘦如柴的身体，过大过宽的衣服，我意识到，凯瑟琳只是在安慰我罢了。我看上去一点也不坚强，只是把一款戏服换成了另一款，从长发公主变成了小飞侠彼得·潘。我从手提包里掏出口红涂了涂。现在，我看上去就像涂了口红的彼得·潘。我只觉得怒火正在体内翻腾。为什么想做自己就这么难？我盯着镜子里那个烈焰红唇、一头短发、弱不禁风的纸片人，感到一阵眩晕。接着，我清了清嗓子，只为听点声响，确认镜子里的女人确实是自己。听到自己的声音，让我得到了一丝安慰。于是，我又清了清嗓子。我就藏在某个地方，外面看起来有点怪，但内心深处仍是我。

　　在前台做完登记后，我在角落里找了把椅子坐下，开始盘算接下来该怎么做。自从父母发现我有贪食症后，我就成了心理咨询室的常客。我的应对方式始终如一：稍微透露一点点真相，好让咨询师放我。过去，我认为，只要能继续保持病态，继续靠暴饮暴食和催吐保持内心的平静，心理咨询就算是成功了。如今，我的想法已经完全不同。我想变得健康，但不知该怎么做。我觉得自己的心快不行了，一直都亲手给自己做开心手术。现在，我需要躺下来一会儿，让别人来拯救我的生命。我来这里，不是为了表示自己一切正常，而是为了认输。如果手边有小白旗，我肯定会举起来的。我在这里呢！救命！请告诉我该怎么做。拜托了，那个我马上要见的女人千万要知道该怎么做！

门开了，一个身穿清爽白色套装的女人走进等候室。我马上回过神来。她环顾四周寻找我的时候，我也在仔细打量她。她的眼睛就像身上的套装，透着一股聪明劲儿，与其说是温柔，不如说是职业范儿——就像个时刻准备着办正事的女人。她没化妆，这点让我深信，我们俩有相似之处。这其实挺奇怪的，因为此时此刻我脸上扑的粉足有三四斤重。我觉得自己是那种不需要也不关注化妆的女人，只不过还没有付诸实践而已。分析完毕，我得出两条结论：我喜欢这个女人，同时也害怕她。我把隐形的小白旗往下缩了一点点。我不再担心她不知道我该怎么做，反倒开始担心她知道我该怎么做。要是我把所有的事都告诉她，她说我应该离开克雷格呢？要是她说我应该留下呢？我既渴望这种确切的答案，又还没有做好准备。

那个女人的目光终于落到了我身上："格伦农？"

"对，"我说，"是我。"

"欢迎。"她微微一笑，"我是安。跟我过来吧。"她带我穿过走廊，走进一个放了很多书的小房间，关上门，示意我坐在椅子上，又递来一杯水。她在离我不远的地方坐下，拿起笔和本子，问道："你为什么要来这里？给我说说你的故事吧。"

哦，天哪，我的故事到底是什么样的？该从哪里说起？是从婚礼说起？还是从十岁的时候说起？我看见她的笔悬在本子上方。无论我从哪里说起，她都会逐渐形成对我的看法。控制住你的故事，格伦农，控制住。接着，我突然意识到自己已经累了，不想再做人生的编剧了，只想做个记者。于是，我决定把自己的想法一五一十地说出来。

"我丈夫跟其他女人上床，我恨他。我不想再恨他，但是做不到。我在自己家里都没安全感，总是发火，不光是对他发火，而是对一切发火，尤其是男人。他们为什么会为了做爱抛弃家庭？我恨做爱。不管发生什么事，我都不会再跟人做爱了。我总是害怕，害怕不离婚，又害怕离婚。我想象不出孩子们会有多痛苦。如果我不控制自己胡思乱想，就会火冒三丈，诅咒克雷格去死，然后把自己吓个半死。所以，我不让自己想太多，让自己麻木不仁。我找不到出路，不知怎么办才好。但我真的不想聊自己的感受。我的感受是个黑洞，如果你带我走进去，我怕再也走不出来。我不能冒这个险，因为我是个妈妈，有三个孩子，还有工作，需要坚强，向前看。所以，我需要一些实实在在的建议。我想问的是：我爱孩子，爱妹妹，爱父母，爱工作，这样是不是就够了？我可不可以下半辈子都不要跟人建立亲密关系？我只想做个好妈妈，写写东西，独自入睡，就这么下去，这是我的梦想。所以，从概率上说，如果我跟克雷格离婚的话，将来有多大的可能性会想再婚？"

安放下笔和本子，盯着我看了好一会儿，然后说道："人生来就需要亲密关系，几乎不可能抗拒这种本能。我觉得，你最终被另一个男人吸引的概率很大。"

"该死，"我说，"所以说，我以后会忘掉这堆破事，忘掉这些痛苦，渴望另一段亲密关系？好吧。如果说我将来会遇到其他男人，那段关系比现在这段强的概率有多大？你能给个确切数字吗？"

"行啊。呃，我现在还不了解克雷格，就从将来那段关系说起吧。假设你在五年内遇到了一个好男人，开始一段新关系的概率是百分之百。让他帮忙抚养孩子必然会造成冲突，所以扣掉百分之十。克雷格再婚后，你还要努力让他妻子帮忙抚养你的孩子，再扣掉百分之十。二婚会带来负担，再扣掉百分之五。离婚很费钱，钱可能会成为问题，再扣掉百分之十。考虑到那个男人的怪癖、缺陷和挂你电话，再扣掉百分之十。现在只剩百分之五十五了。如果你把现在所有的痛苦都带进下一段关系，再扣掉百分之二十。所以说，下一段关系比现在这段强的概率是百分之三十五，不及格。"

我看着安，心里既惊讶又感激。她给出了确切数字，因为她知道在当下的一片混乱中，我需要靠数字来思考。她没有给我灌鸡汤，而是一针见血，指出这只是个数学问题。安的表情像是在说，你瞧，我没说这么做是对的，只是说这是我们需要面对的。在这个瞬间，我能确定了——安是站在我这边的。我认识她才十分钟，但已经对她产生了信任。

"真棒，"我说，"我现在就是这样，已经有一段不及格的关系了。我是说，尽管克雷格非常沮丧，极力挽回，但我们的关系仍然铁定不及格。这一点是毫无疑问的。"

"嗯，你明白不及格的关系是什么样的，对吧？我们有很多问题需要解决。我只是说，没有所谓的捷径。离开很难，留下也很难，无论选哪条路都不容易。我们只需要弄清楚，哪条难走的路更适合你。"

"如果我选择留下，麻烦你告诉我，怎么才能做夫妻但是不发生关系。我再也不想跟人做爱了，简直是烦透了。从我认定需要一个高大、强壮、自信的男人保护我、哄着我、重视我的那一刻起，我就把自己的身体交给了别人。我可以原谅自己当时年少无知，但现在我已经是成年人了，难道就不能控制自己的身体吗？难道我就没有属于自己的力量吗？不，我有。但在我们的婚姻里，仍然是克雷格说了算：'我有需要，想让你满足我的需要，因为你恰好在这儿。放下你手头的事，脱光衣服，满足我的欲望吧。这证明你爱我，证明我们相爱，是件好事。'他只凭微微一笑就能表达这么多意思。如果我不愿报以笑容，放下手头的事去满足他的需要，就是在拒绝他。如果我选择拒绝、坚持自我，那又会怎么样？尤其是现在，我知道即使自己这么做，他也不会满足的。就像利用我的身体一样，他也利用其他女人的身体。还是算了吧，性爱对我没好处，只会带来伤害。这是一场危险的游戏，规矩全是男人定的。我打算金盆洗手了。不管是哪种亲密关系，我都不想再碰了。我有朋友、孩子、妹妹，还有写作和狗。我不需要性爱，觉得自己已经超脱了。也许，我就像甘地一样。"

"你像甘地一样？接着说说吧。"

"我不喜欢做爱。由于身边所有的人都说性爱很棒，我曾经私下怀疑自己是不是受压抑的女同性恋。但我跟一个同性恋朋友说出这个想法后，她提醒我，同性恋是对同性有感觉，而不是对任何人都没感觉。因此，我认定自己没有性欲，或是注定为精神追求存在的，就像甘地一样。我经常怀疑自己是甘地那样的人。我的意思是，如果我和克雷格最终没分开，他需要面对女版甘地，并接受这个事实。显然，他绝对办不到。"

安点点头："是的，做甘地唯一的坏处就是，当孩子们上学的时候，你需要发动一场非暴力革命，还很可能被谋杀。"

"没关系，这不是问题。被谋杀是挺不幸的，但总比这些跟性爱有关的破事好。我接受命运的安排，愿意为了不做爱而献出生命。"

"格伦农，虽然我认识你才几分钟，但我很确定你不是甘地。"

"好吧，我不会做甘地的，我会做《冰雪奇缘》里的艾莎女王。我只想变成艾莎，住在遥远的冰雪城堡里，独自引吭高歌，梳理发辫，向来探访的男人发射冰凌。"

"呃，但艾莎最后也回家了——没有人能一直过与世隔绝的生活。"

"没错，她是回家了，这点我承认。但我敢保证，她绝对不需要做爱。她有妹妹的真爱，还忙着当女王。我确信，所有男人多多少少都有点怕她。这就是我想要的。"

安笑了，不是咨询师式的笑，不是屈尊俯就的笑，也不是同情的笑，而是认可的笑。她的眼睛闪闪发亮，像是在说：没错。亲爱的，我明白你的意思。我内心深处也有点像艾莎。但从她的表情不难看出，她觉得冰雪城堡并不适合我。她想帮助我融化冰雪。

"很快你就会知道，不管什么事我都能挺过去。我十岁的时候得了贪食症，后来还染上了酒瘾，但十一年前戒掉了。"

"哦，发生了什么事？你觉得为什么你那么小就会得贪食症？"

"我不知道，大概是早熟吧。我不想聊这个，那已经是上辈子的事了。发现自己怀孕以后，我就彻底戒了。我需要向前看。咱们还是多关注家庭问题吧。现在，我有孩子需要照顾。"

"好的，不过这说得通。很多像你一样对性爱提不起兴趣的女人，都有过身体和饮食方面的问题。我知道你不想这么做，但我们需要先把克雷格的事搁在一边，关注你的过去，而不是先把你的过去搁在一边，关注克雷格。格伦农，不管是离婚还是复合，你们俩都需要付出努力，而努力的目标不一定是复合。你必须学会跟人亲密接触。如果你把自己的性欲束之高阁，人生就永远也不会圆满。你是个聪明人，知道这跟克雷格没关系。这是你弄清楚某些事的好机会。"

"没错，这是个阿弗苟（Afgo）。"

"抱歉，你说什么？"

"另一个该死的成长机会（Another fucking growth opportunity，英文首字母缩写为 Afgo）。"

"对的，阿弗苟。与此同时，我们需要划定一些界限，让你在家里能觉得安全。"

"我需要克雷格搬出我们的房间，再也不碰我。"

她把这些都记了下来："很好，把这份清单交给克雷格，说这是你现在需要的东西。接下来，我们来看看怎么帮你跟自己的身体和解。我们需要来一次重聚，让你的身、心、灵合而为一，结束对身体的放逐，让你重新变得完整。"

"这听上去挺难啊，你有管用的药吗？"

她笑了笑，开始奋笔疾书："不要再吃药了。我们得自己努力。"在诊断结果旁边，她写了个数字。"这个数是什么意思？"我问。

"它的意思是'适应障碍'。"

"呃，我对什么不适应？"

安笑了："可能是生活吧？"

"好吧。但人要怎么适应生活？怎么适应一直在变的东西？算了，反正我才活了三十多年，再多给我点时间吧。"

"时间有的是，足够你用。另外还有一件事，大脑是这么运作的：我们会先对别人形成假设，然后大脑收集信息印证这个假设。你已经认定克雷格是个白痴，配不上你，我不会因此责怪你。但正是因为这个念头，你的大脑会去寻找相关的信息。你在积极推动它成为事实。我们来做个实验，只要花一个星期就行：如果你试着假定，克雷格虽然有严重的缺陷，但他是个好人，真心爱你，愿意付出一切代价挽留你，那么事情会变成什么样？如果你认定他是这种人，也许就能找到支撑这个论点的证据。当你觉得焦虑的时候，先做三次深呼吸，然后再思考问题。别在深呼吸之前想问题。"

"好的。"我做了三次深呼吸，向安道谢，离开咨询室。

当天晚上，我盯着卧室里的镜子，直到镜中人显得无比陌生。就像长时间盯着一个熟悉的字，它会变得陌生，像是写错了一样。我直视自己的双眼，这种过分亲密的举动让我烦躁不安，甚至想发起攻击，就像对面是个陌生人一样。我伸手摸了摸镜子。那个人是谁？为什么我很难相信，镜中人和试图认出她的人都是我？我挪开视线，低头看着自己，试图相信这一点。我摸了摸自己的腿，然后双臂环抱，关注触碰自己的感觉。为什么我以前会抛弃自己的身体？为什么我一辈子都游离于身体之外？我想起了安提的一个问题："格伦农，你十岁的时候发生了什么事？"

十岁的时候，我就意识到自己比其他女孩体形更大、头发更卷、皮肤更油。那个时候，我开始有自我意识了，身体似乎变成了某种独立而怪异的东西。我觉得，人们根据外表来评判我是件怪事，因为他们看见的并不是真正的我。我觉得，身体并不能代表我，但它是我唯一能向世人展示的东西。因此，我做了不得不做的事——融入外界。但个人体验实在太私密，很难跟别人分享。在公共场合，我觉得自己赤身裸体，毫无保障，无比脆弱。于是，我开始痛恨自己的身体，不仅仅是体形，而是整个身体。我恨自己拥有这个身体。身体让我无法取得作为女人的成功。世界向我展示了做女人必须遵守的规矩——娇小、文静、纤弱、坚忍、轻盈、温柔，跟放屁、流汗、流血、臃肿、疲惫、饥饿、渴望划清界限。

但上天让我生来就有一副粗鲁笨拙、吵吵嚷嚷、臭气熏天、总是喊饿、充满渴望的皮囊，让我无法遵守那些规矩。在无法忍受真实人性的世界里生活，就像落入陷阱，或是玩我不可能取胜的游戏。但我一直认定是自己有问题，从没想过是这个世界出了问题。我一口咬定，自己是注定被毁坏，注定支离破碎的。我本该阳光活泼、幸福快乐、完美无缺，但由于事实并非如此，我永远也不能暴露真面目，只能找个安全的藏身之处。所以，只要一有机会，我就游离于身体之外，游离于世界之外。

起初，我逃进了书的世界。啊，书！我就是为书而生的！无论去哪里，我都会带上一本书。游泳也好，临时帮忙照看孩子也好，去朋友家也好，我都会带上书，免得遇上尴尬。我总是躲在角落里低头看书——身在此处，心游天外。我从书里学会了如何隐身，如何生活在别的世界。接着，我又发现了贪食症，拥有了两个天堂——书本和美食。后来，美食变成了酒精、性爱和毒品，我找到了一个又一个藏身之处。戒酒之后，我成了作家。多么便利的选择，多有先见之明！作家就像直升机一样，盘旋在人类体验的上空，报道世间的喜怒哀乐，但又保持一定的安全距离，即使是感受当下，也是为了搜集素材。从十岁开始，我就消失了，不见了。

当天晚上，我正在洗碗，阿玛走进厨房，试图引起我的注意，但我茫然不知，直到她抱住我的腿大喊："妈咪，妈咪！你又去水下了？""去水下"是她管我陷入沉思的叫法。我就像水肺潜水员一样，试图去水下寻宝，人们则不断把我往上扯，想让我浮出水面。我真想说，让我一个人待着！我在水下很好。我现在没工夫理你，因为我正忙着思考关于你的事呢。我既盘旋在生活上空，又深潜于地表之下。

我想起了克雷格，想起他对亲热的需求被我视为不断的打扰，想起他总让我浮出水面或驻足地表，我却断然拒绝。事实上，我发现独自一人的精神生活比跟他在一起的现实生活更安全，也更有趣。陷入沉思的时候，我漫游在遍布珍宝的水下。而跟他一起在地表的生活，则显得那么浅薄无聊。

但要是我错了呢？要是真实的生活其实在地上，而不是在水下呢？要是生命的意义就在于联系，而只有在地表才能建立联系呢？也许孤独就是拒绝活在自己身体里要付出的代价。

听说我婚姻出问题的消息后，人们不断提出一个问题：格伦农，你现在还爱他吗？这个问题深深困扰着我。他们这是什么意思？他们自己知道这是什么意思吗？"爱"究竟意味着什么？我一直认为，"坠入爱河"是只有少数幸运的夫妻才有的东西。但现在我怀疑，爱也许并不是一种感受，而是两人之间的一个空间。两人都认为这个地方足够安全，可以暴露自己的真面目，触碰彼此。这就是所谓的"坠入爱河"吗？因为你不得不亲身投入？我理解不了这个概念，因为我一直盘旋在上空，而这样是无法感知爱的？爱只能靠亲身投入吗？也许，作为盘旋在上或深潜于下的思考者，隔着一段距离思考爱、分析爱、向往爱，要付出的代价就是无法真正坠入爱河。我没有亲身投入，而是刻意保持距离，因为我抱着一个观念：只要不亲身投入，就不会受到伤害。但要是因为这样，别人也无法爱我呢？要是身体是获得爱的唯一工具呢？

安说得没错，我真正需要的是重聚。我过去的生活就像一场内战，身体被隔绝在外。怎么才能把它夺回来？我想要休战，想要变得完整，想要学会在这个身体里、这个世界上生活，跟身边的人一同生活。我不想被自己束缚，想要坠入爱河。

我离开镜子，走进蒂什的房间，蜷缩在熟睡的她身边，紧紧搂住她。她的小脸像缎子一样光滑，头发散发出椰子洗发水和泥土的芳香。她躺在我怀里，呼吸均匀，暖意融融。跟她待在一起的时候，我感到无比踏实，爱她爱到无以复加。此时此刻，我和她坠入了爱河。我觉得没有那么恐慌了。我想到，自己搂过她那么多次，喂她吃过那么多次饭，帮她洗过那么多次澡，给她唱过那么多次摇篮曲。我的身体深深爱着她，也被她深深爱着。我必须弄清怎么靠身体获得爱，必须弄清！她醒了，我亲了亲她的额头，然后离开了。她需要好好睡一觉。

我回到自己床上，钻进被子，裹得紧紧的，像个茧一样。我好想感受一下待在自己身体里，和她一起，或是和别人一起。如果说爱是个空间，即使那是个恐怖空间，我也想活在里面。随着睡意袭来，我下定决心，打算暂时停止写作。我需要亲身感受，而不是在书写中创造生活。我需要活出生活原本的样子，而不是将痛苦转化为艺术。无论家里发生什么事，我都需要真切感受，而不是把它们编成故事。我再也不会为了理解生活而试图掌控它了。那不是创作素材，而是我的生活。身边的人也不是虚构的角色。我需要顺其自然地去生活，而不是只顾书写。我再也不会上天入地试图躲藏，而要脚踏实地。卧室门开了，狗狗西奥走进来，跳上床，卧在我膝盖后面。我感受着它的温暖，感觉它沉重的身体压在自己腿上，感觉它像船锚一样让我稳定下来。我想，此时此刻，我和西奥坠入了爱河。我在这里，它也在这里，我们在一起。但爱狗狗和孩子很容易，因为不用担心他们会伤害我，爱成年人则是另外一回事了。爱成年人很危险，但我还是想和成年人坠入爱河。我渴望危险、真实而恐怖的爱，想学会通过身体和另一个成年人相爱。我想要这么做。

第十二章

关于痛苦的谎言

我们每天接收到的大部分信息：痛苦是错误的，觉得孤独、悲惨、生活艰难？世界编造出"完美人生"这个谎言，好让我们接受"拒绝痛苦和孤独"。

　　痛苦没有毒，有毒的是关于痛苦的谎言。人本来就不可能时时刻刻感到幸福。生活无比艰难，充满痛苦，不是因为你做错了什么，而是因为每个人都如此痛苦。

　　不要逃避痛苦。正视痛苦，学会放手，顺其自然，从中汲取教训，勇敢地活下去。

第二天早上，我的作家朋友米娅打电话过来。我问她最近过得怎么样，她说："婚姻美满，阖家幸福，万事大吉。简直太可怕了，我一点素材也找不到。你那边的破事怎么样了啊，你这个幸运的家伙？"我告诉她，自己打算来个"重聚"。我本以为她会哈哈大笑，没想到她却说："练瑜伽怎么样？你懂的，身心灵之类的。现在这个挺火。要不今天就去试试呗？"挂了电话后，我坐在厨房，盯着墙看。她说得对。练瑜伽很像是下一件该做的事。

　　于是，我开车前往附近的一家瑜伽馆。刚走进大门，就闻到一股焚香的味道，仿佛证明上帝就在这里。我租了个瑜伽垫，踮着脚尖走进瑜伽室，静静等待。几分钟后，教练走了进来，自我介绍说叫艾莉森。通过一系列舒缓、稳定而特殊的指引，她告诉我可以对身体做些什么。右手放在这里，头歪向一边，左腿移到那里。我觉得很放松，就像正在崎岖的山路上开车，艾莉森突然出现，把住了方向盘。几个月来，我一直是决策者，如履薄冰，战战兢兢，权衡每一步该怎么走，生怕行差踏错会毁掉自己的家庭，感觉自己像个不称职的上帝，主宰着全家人未来的命运。但在瑜伽馆，在这个远离尘世喧嚣的温暖小屋里，艾莉森才是主宰。似乎我来这里就是为了暂时假装自己不是生活的主宰，或者停止假装自己是生活的主宰。我只知道，在这个小房间里无论做什么，都不会伤害到自己或孩子。我想永远待在这里，不做任何决定，不想任何问题，不惹任何麻烦，只关注手和脚放在哪儿。我喜欢不做上帝的感觉，希望自己永远都不用再扮演上帝。因此，当艾莉森说课程结束，不再告诉我该怎么做的时候，我极其失落。

第二天早上，我满怀期待地回到瑜伽馆，坐在前排的瑜伽垫上，等待艾莉森为我的世界重塑秩序。第三天、第四天……接下来的每一天都是如此。我在那个房间里学会了很多此前从未学过的东西。通过练习瑜伽，我靠身体获得了智慧，而不是靠头脑。艾莉森教我充分利用双腿："进入战士二式，稳稳站住，双腿向下扎根，就不会摔倒。两侧施加相同的力，就能保持平衡。"我站在那里，突然心头一动：等等，什么？我一直通过减压寻找平衡。工作、友谊和家庭给了我太多的压力。要是这些压力不是在破坏平衡，而是在维持平衡呢？要是这些压力其实只是爱，爱正是保持平衡的砝码呢？我感到醍醐灌顶。我的身体正在教头脑该怎么做。

随着课程的推进，我的身体学会了新姿势。艾莉森教给了我新东西，我则领悟了许多从前不理解的东西。这就像一场洗礼：身体也能成为我的老师，成为智慧之源。我认为自己身心尚未合一，但已经开始尊重身体了。身体是个睿智的新朋友，我开始好奇地打量它。你是怎么回事呀？我问它。你是不是比我想象中更聪明？我知道，自己需要脚踏实地去爱，去学习。我只是不知道，要做到这两点只能靠身体。

随着对身体的信任与日俱增，我渐渐失去了对头脑的信任。我觉得，只要努力就会进步，这样才公平。无论要付出什么代价，我都想找回平静和稳定，找回属于自己的生活。因此，我继续练瑜伽，定期和安见面，消磨寂静的时光。悲伤的人为了摆脱痛苦能做的一切，我都尝试过了。有时候，我会突然感到无比振奋、充满希望，这种状态能持续好几小时。心中充满希望的时候，我会自信满满，计划带孩子们出去玩或者上超市购物。但在儿童游乐场或超市过道里，绝望会突然涌现出来，像疯狗一般朝我狂吠。我则全身僵硬，深知要是掉头逃跑，肯定会被它追上。无论是比力量、比速度还是比智慧，我都不可能赢过"绝望"，原因很简单——它比我强大。我只能眼睁睁地看着它张开血盆大口，朝我猛扑过来。不过，我发现了一个或许能拯救自己的方法：如果我装死的话，它最终会放过我。我开始把"绝望"想象成螺旋楼梯上每层都有的障碍物。它挡在我面前，一副恶狠狠的样子，但每往上爬一圈，我都会变得更加自信，不那么恐惧，最终将掌握诀窍，轻而易举地跨越障碍。"绝望"总会出现。"进步"的螺旋楼梯意味着痛苦既在身后，又在前方，我每天都要面对，永远无法

"跨越"。但我下定决心，每次面对它的时候都要变得更强大。痛苦也许不会变，但我会变，会坚持向上爬。

☂

　　我接受心理咨询和练瑜伽已经三个月了。有一天，我在厨房里给孩子们倒麦片。他们还没完全清醒，一直在揉眼睛。克雷格开始和我一起去见安，同时也在接受独立的心理咨询。这是个不错的进展，但我们还是分开睡，孩子们还是难以理解。克雷格从卧室里走出来，孩子们看着他来到桌旁。我们试着相视微笑，想化解这份尴尬，但屋里的气氛还是很沉重。我把勺子放到桌上的时候，克雷格碰了碰我的手，我立刻把手抽回来。孩子们看见了这一幕。蔡斯和蒂什立刻扭过头，但阿玛还太小，不懂得伪装，所以大哭起来。我坐到她的椅子上，把她抱上膝头，就像抱小婴儿一样，拍拍她的脑袋，说："没事的，宝贝，一切都很好。我们没事的，宝贝，真的没事。"我说了一遍又一遍，就像念咒语似的。我在撒谎，一切都不好。我盯着阿玛的眼睛，看得出她并不买账。她已经四岁了，懂的可多了，知道我没办法让一切好起来。

　　我抱着她，刻意避开家里其他人的目光，感觉自己彻彻底底失败了。我曾经对自己保证，会让一切好起来，不会让孩子们感到痛苦的。但我失败了，让孩子们心碎了。我帮阿玛抹掉眼泪，看见克雷格扭过身子，冲着洗手池，假装在洗碗，免得孩子们看见他眼中的泪水。蔡斯推开盛满麦片的小碗，朝我走来，张开双臂搂住我的肩膀，轻声说："没事的，妈妈。"噢，天哪！他才九岁，就觉得有必要安慰我了，而且是靠伪装自己的感受。格伦农，你真失败，太失败了。此时此刻，痛苦已经变得令人无法忍受，必须赶紧让大家摆脱这种气氛。我晃晃脑袋，擦干眼泪，稳定情绪，笑了笑："好了，好了，咱们该开动了。没事的！换衣服上学吧。"

每个人都放下早餐，消失在各自的房间里。我看着他们，心想，我们原本都活在当下，沉浸在爱的氛围里，展现真实的自己，我却硬生生把大伙推开，让每个人回到自己的小房间，变回那个恐惧、孤独、追求安全的自己，简直是错上加错！

把孩子们送到学校后，我只想赶紧回家，一头扑到床上。但我不能这么做，因为克雷格在家，我不想面对他。于是，我开车去了瑜伽馆。但前台告诉我，艾莉森的课已经满员了。我真想一屁股坐在地上，冲前台大喊大叫："不！我需要艾莉森！这是我的最后一根救命稻草！"但我清楚，这么做无济于事，只会浪费时间。没有人保证稻草是公平发放的。最后一根救命稻草！哈！谁说的？我像个婴儿一样胡乱发火，浪费精力，毫无意义。与其向全世界宣布我肩头的稻草太多了，不如坚强起来，背负起现有的稻草。于是，我收拾起瑜伽垫和所有隐形的稻草，去上另一堂瑜伽课。

铺好瑜伽垫，我才发现空调肯定是坏了，因为屋里热得跟蒸笼似的。不过，其他学员都岿然不动，盘腿端坐，面带微笑。所以，我决定效仿他们，用"禅"的态度无视现状。然而，随着屋里越来越热，我的汗越流越多，心头的怒火也越烧越旺。我爱空调，完全离不开空调。流了三分钟的汗后，我想，既然我不是佛教徒，那么发火也没关系吧，便起身收拾东西，准备拍屁股走人。但我刚站起身，老师就进来了。她关上门，对大家说："嗨，我是艾米，谢谢你们来上高温瑜伽课。"

高温瑜伽？这是什么玩意？现在走实在太尴尬了，所以我坐下来，抹了把汗，紧盯大门，只觉得屋里闷得要命。正当我盘算怎么溜走的时候，艾米说："我们先来说说上这节课的目标吧。"她冲前排的一位女士点点头，对方微笑着说："我的目标是拥抱仁爱。"下一个人说："我希望像阳光一样，普照世间万物。"接下来几个人说想要追求平静、力量和透彻。我坐在那里，整个人都蒙了。

这些人到底在说什么呀？我的整个生活都支离破碎了，为什么还要在这里浪费时间？仁爱？我可是真有麻烦啊，姑奶奶们！轮到我了，艾米直视着我。我脱口而出："我只想安安静静坐在垫子上，熬过接下来的时间，忍住不要冲出去。"我的声音在颤抖，屋里一片寂静。艾米的眼神告诉我，我刚刚说的话很重要。

最后，是艾米打破了寂静："好的，你继续坐在垫子上吧，没事的。"

她开始上课。整整九十分钟的时间里，我静静地坐在垫子上，无法逃避自己。这简直太折磨人了！我试图逃避的画面全都浮现在眼前。其中，有来自过去的幽灵：我瘫坐在洗衣房的地板上，孩子的眼泪掉进麦片碗里，克雷格跟其他女人上床，然后相拥、亲吻、大笑。还有来自未来的幽灵：克雷格牵着另一个女人的手步入婚姻殿堂，蒂什是花童——等等，新娘是不是让我的小女儿停下，伸手帮她把头发拢到耳后？她是不是握着我女儿的手？不！不！不！这就跟玩打地鼠游戏似的，最深层的恐惧像地鼠一样接连冒出，我却没有用来敲打的木槌。我无法抵御幽灵，无法神游天外，也无法逃避，只能直面它们。这无休无止的悲惨命运让我泪如雨下。我不停地拭去泪水，难受得要命。坐在那里，一动不动，我的身体和心灵一样备受煎熬。心中满满的爱意和痛苦让我备感孤独。

我望向其他人，发现他们不是呆坐着，而是在拉伸四肢，摆出姿势，扭曲身体，顿时觉得好尴尬，便提醒自己，他们的目标不是我的目标，他们背负的稻草不是我的稻草，他们选择的道路不是我的道路。我的目标独一无二，跟别人无关：静静坐着，不要冲出去。有好几次，我都大声抽泣，觉得尴尬极了。我唯一能做的就是让自己陷入尴尬。就让他们都听见吧！我们来这里是出于不同的理由。你来这里是为了学会待在垫子上感受痛苦，忍住不冲出去。坐好了，坚持下去。恐怖的画面接踵而至，泪水与汗水交织，顺着脸颊滑落。我任凭那些可怕、恐怖、不公平的情景轮番出现，静静地坐在那里，接受所有令人无法接受的情况，学会放手，顺其自然。

不知怎么回事，艾米似乎能够理解我。她穿过教室，走到我身边，确认我没事。从她的脸上，我看到了尊重。她知道我在学习某些重要的东西。我看得出来，她已经学过了，也许还学过很多次。每隔几分钟，她就会看看我，点点头，似乎在说：对，你做得很好，别放弃，别离开。终于，九十分钟过后，这堂课结束了。艾米让我们躺下来。我身体躺平，睁大眼睛，盯着天花板，意识到自己见证并感受了一切，而且熬过来了。所有的幽灵都还在，但已经没那么可怕了。它们可以吓到我，却无法杀死我。它们试过了，但我才是大赢家。尽管情况还是一团糟，但我还在这里，活得好好的。在这一个半小时里，我是个完完整整的人。那种痛苦就像下地狱一样，差点要了我的命，但没能彻底杀死我。这一点才是最重要的。

我闭上双眼，泪珠滚落在垫子上。自己身体里竟然储存了这么多泪水，这一点让我感到无比惊讶。接着，我感觉有只手搁在了我的胳膊上，顿时羞愧难当：我浑身臭汗，一把鼻涕一把眼泪，自己都觉得恶心，却有人来到我身边，离我那么近，触碰着我。不过，我没有闪避，没有抹眼睛，没有揉鼻子，而是顺其自然，睁开眼睛，发现旁边的人是艾米。她说："你知道自己刚刚做了什么吗？那是战士之旅。现在，别忘了呼吸。你要记得呼吸。"我不明白，为什么每个人都提醒我要呼吸。我不是还活着吗？活着不就意味着在呼吸吗？战士之旅又是什么玩意儿？

最后，艾米双手合十，对每个人说，她内在的神性向我们内在的神性致意。她推开大门，凉爽的空气席卷而入。我穿过走廊，走回阳光下，突然有种似曾相识的感觉。战士之旅。这几个字像钟声一样在我的灵魂中回荡，但是为什么？我钻进车子，冲回家里，从床头柜里抽出白玛丘卓（Pema Chödrön）的《当生命陷落时》（*When Things Fall Apart*），翻到折角的一页，指着一行我在下面画过线、但当时并不理解的文字：

> 在酷热的孤寂中，如果前一天只能静坐不到 1 秒，今天即便只坚持了 1.6 秒，那也是战士之旅。

我坐在地板上，反复咀嚼这句话。我清楚，自己一辈子都在逃离酷热的孤寂。我想起十岁时的自己，第一次感到愤怒、恐惧、嫉妒、疏离、不合群，认为这些令人不快却很正常的人类情绪是错误的、可耻的。我认为自己需要隐藏、逃避甚至修复这些情绪，尽可能摆脱它们的影响。我不知道，每个人都在感受酷热的孤寂，也不知道，一切都会过去的。因此，在接下来的二十年里，每次感到愤怒、恐惧、孤独的时候，我都会选择比较轻松的出路——书本、贪食症、啤酒、男人、购物、社交网站上的新消息，用它们来逃避现实。接下来，我会发现自己像施了魔法一般，被传送到一个没有痛苦的地方。疏远，麻木，深潜，消失，一次次离开垫子，冲出门外。

哦，天哪——是不是这些做法阻碍了我重获新生？如果说我的愤怒、恐惧和孤独不是错误，而是邀请呢？如果说逃避痛苦就相当于放弃学习机会呢？我是不是应该奔向痛苦，而不是选择逃离？或许痛苦并不是烫手的山芋，而是前行的向导。或许我不该把痛苦拒之门外，而应该敞开心扉，迎接它的到来。快请进！进来陪我坐坐吧！不要离开，把我需要知道的东西统统教给我吧！

我从未信任爱，因为我从未信任痛苦。如果说痛苦和爱一样，是只有勇者才能踏进的领域呢？如果说爱和痛苦都需要你感受当下，待在垫子上，静止不动呢？如果真是这样的话，或许我不该拒绝痛苦，只应拒绝逃避。或许，对麻木的依赖导致我远离了两种与生俱来的本能——爱和学习。我可以一直逃避下去，至死都不会感到痛苦，要付出的代价便是无法学习，无法去爱，无法真正活着。

我从十岁开始就用食物麻痹自己。在接受心理咨询的过程中，我了解到，克雷格从比我稍大几岁的时候就开始用黄片麻痹自己。黄片是他的解脱，他的深潜，他的轻松出路。他告诉我，他会躲在房间里看偷偷买来的黄片，先是感到快慰，接着感到羞耻——就像我暴饮暴食并大吐特吐之后一样。或许克雷格也感觉到了酷热的孤寂，看黄片是他逃离垫子的方式。像我一样，他当时也不可能知道，令他坐立不安的正是人之本性。正如我学到了做女孩的规矩，他也学到了做男孩的规矩——不能显露感情，成功的男孩应该"像个硬汉"。小女孩抛弃自己的身体，小男孩抛弃自己的感受，是不是都是因为感到羞耻？小男孩说：不要去感觉。小女孩说：不要饿肚子。

我想象我们俩十岁时的样子：我躲在角落里看书，克雷格则在球场上踢球，从早到晚都踢球。接着，他接触到了黄片。渐渐长大后，他又接触到了女人的身体。只有赤裸相对的时候，他才感觉自己被人了解，被人关注，被人深爱。后来，他成了模特，继续构建对自己身体的认同。他一辈子都把身体当作避难所，就像我一辈子都把心灵当作避难所。这就是我们难以相爱的原因吗？因为他认为爱在于身体的交融，我则认为爱在于心灵的交融？我们都没有把自己完整地交给对方。或许我们之所以会互相放逐，是因为我们都放逐了自己的一部分。

我们每天接收到的大部分信息都来自兜售"轻松出路"的人。那些推销员让我们相信，痛苦是错误的，他们的产品能解决这个问题。他们会问：觉得孤独、悲惨、生活艰难？肯定不是因为生活本来就是孤独、悲惨、艰难的，大家才那么想。真正的原因是你没买这种玩具，没穿这种牛仔裤，没吹这种发型，没用这种工作台，没吃这种冰激凌，没喝这种酒，没得到这个女人……有了它，你就再也不会孤独了！因此，人们拼命花钱，拼命买买买，但怎么都填不满内心的空缺，因为你永远不可能靠自己不需要的东西获得满足。世界编造出"酷热的孤寂"这个谎言，好让我们接受"轻松出路"。我们信以为真，因为我们没有意识到这个谎言其实是矿井中弥漫的有毒气体。痛苦没有毒，有毒的是关于痛苦的谎言。

过去，我和克雷格一直在呼吸这种有毒气体。天长日久，我们逐渐相信了谎言：你本该时时刻刻感到幸福的。别人都是这样！逃避痛苦吧！你不需要痛苦，它对你毫无意义。找条轻松出路吧！最终，我学会了静坐，终于得知了真相：人本来就不可能时时刻刻感到幸福。生活无比艰难，充满痛苦，不是因为你做错了什么，而是因为每个人都如此痛苦。不要逃避痛苦。你需要痛苦，它很有意义。正视痛苦，学会放手，顺其自然，从中汲取教训，勇敢地活下去。

我坐在地板上，终于得知了真相。我们要么亲身感受痛苦的焦灼，要么害得挚爱被它灼伤。我和克雷格一辈子都在否认痛苦，但这无法让它消失。由于我们拒绝承受，痛苦便落到了挚爱身上。我拒绝感受痛苦，痛苦便被传给了父母和妹妹；克雷格不肯感受痛苦，痛苦便被传给了我和孩子。或许克雷格并不打算把痛苦传给我，并不打算用出轨来伤害我，就像我并不打算用酗酒来伤害家人一样。我们只是采用了过去管用的方法，选择了轻松出路。

我的脑海里突然闪过阿玛吃早饭时流下的眼泪。就在今天早上，她试着去感受酷热的孤寂，我却一下子夺走了这个机会。"没事的，宝贝。我们没事，宝贝，真的没事。"我是这么说的。我选择了轻松的出路——伪装和否认，又教给了她，鼓励她离开垫子。我之所以会这么做，是因为担心孩子的痛苦等于我的失败。但如果学会忍受酷热的孤寂是我的战士之旅，她是不是也应该这么做？我希望阿玛长大后能成为勇敢、善良、睿智、坚强的女人。那么，生活中有什么能让人变得勇敢、善良、睿智、坚强？会不会是痛苦？会不会是挣扎？我试图从阿玛那里夺走的东西，是不是恰好能让她变成我希望的样子？我认识的最勇敢的人，敢于跨越火堆，勇闯彼岸，敢于战胜困难，而不是选择逃避。或许作为阿玛的妈妈，我的职责不是让她免受痛苦，而是握着她的手，陪她一起体验痛苦。走上战士之旅需要智慧的辅助。或许阿玛需要的智慧不是来自我，而是来自她的亲身体验。如果我想邀请阿玛走上战士之旅，就不能阻止她感受酷热的孤寂，而是应该盯着她的眼睛说："我看见了你的痛苦。它是真实的，我也能感觉得到。我们能搞定的，宝贝。我们能克服难关，因为我们是战士。"

对克雷格和阿玛有了全新的理解后，我的思绪飘到了朋友们身上。我刚开始很生她们的气，因为克雷格出轨的消息刚传出来的时候，她们试图用各种方法夺走我的痛苦。但或许朋友们只是在用她们熟悉的方式爱我，就像我试着去爱阿玛一样。我们都觉得人应该避免痛苦，父母应该让孩子免于受苦，朋友应该帮彼此修复伤口。或许这就是为什么我们总觉得自己很失败——因为我们表达爱的方式大错特错了。受伤的人并不需要逃避、保护和修复。朋友们不知道我是这样，我也不知道阿玛是这样。我们需要的是耐心的陪伴，是充满爱意的守候。我们需要的，是愿意从旁陪伴，为我们留出空间的人，是即使无力相助，也会静静守候的人。

我坐在地板上，默默承诺，要成为这样的妈妈，这样的朋友。当挚爱陷入痛苦的时候，我会及时出现，静静陪伴。我会承认，我跟她一样坐卧不宁、六神无主、束手无策，而不会试图给她解释什么，也不会强求她做力所不能及的事。我不会因为自己会难受，就不直视她的痛苦，也不会试图夺走她的痛苦，修复她的伤口。因为我知道，随着时间的推移，痛苦终将成为她的慰藉，她最终的财富。悲伤是爱的纪念，是我们曾经爱过的证明，是我们对全世界的宣言：看！我曾经爱过，深深爱过。这证明我付出了代价。我只想默默陪伴她，而不是试图扮演上帝。我会说：我很难过。谢谢你邀请我陪伴，谢谢你这么信任我。我看见了你的痛苦，它是真实的。我很难过。

这就是战士之旅。这趟旅程让人学到，对于爱和痛苦，你只能选择接纳。这是一个神圣的空间，只有承诺不做任何修复，我们才能获准进入。因此，我会带着痛苦静坐，任由自己心碎，会关爱其他受苦的人，自愿陪他们共度悲伤。我会感到无助和心碎，但会忍着静止不动，承认自己无能为力。选择接纳，或许就是爱的表现。接纳比我们自己更重要的东西——爱和痛苦。我们会意识到，爱和痛苦会让人差点送命，但没法彻底杀死我们。于是，我们有了接纳痛苦的力量。

☂

我把白玛丘卓的书紧紧抱在胸口，靠在卧室的墙上，感到筋疲力尽。我的身体已经完成了任务，它现在是我的老师了。我学到了很多。痛苦和爱，是我必须足够勇敢才能涉足的地带。我的勇气来自于我意识到，无论发生什么事，自己都能从容应对。因为上帝对我的安排就是，我不但能承受爱和痛苦，还能由此变成完整的人。这就是我生而为人的使命。我是个战士！

这时，饥饿感突然席卷而来。我没听见家里有其他人的声音，晕晕乎乎地走进厨房，却发现克雷格在里面。他看着浑身大汗、眼睛通红的我，似乎吃了一惊。我看了他一眼，说："我好饿。"

声音比我想象中还要虚弱，还要绝望。

他瞪大了眼睛："真的？我给你做点吃的吧。我来做点真正的吃的，行吗？"他听起来不仅仅是激动，简直快要乐疯了。

戒酒以后，我便不再暴饮暴食，但始终没有好好学做饭。在我看来，贪食症足以证明我胃口太好，吃那么多简直是种耻辱。我没法信任自己，所以一直抑制食欲，把饥饿感当作囚犯关起来，每天都不吃正餐，只吃零食，像是能量棒、奶昔、果汁、剩菜什么的，免得重新勾起食欲，变回那个说"不要饿肚子"的小女孩。我对食物的看法类似于原教旨主义者对宗教的看法：规则律令让我们免受自己的伤害。但突然之间，我想要满足食欲了。克雷格也希望满足我的食欲。所以，我说："好吧，麻烦了。"

克雷格朝冰箱走去，我也跟了过去。虽说当时才上午十一点，我们还是肩并肩做起了芝士汉堡、烤土豆和拌沙拉。厨房里弥漫着汉堡的香味。我伸手去够东西，克雷格碰到了我的手，这一次我没缩回来，至少没马上缩回来。吃的做好后，克雷格拿出盘子，给我盛了满满一盘。

我们在桌边坐下，克雷格做了饭前祷告："请帮帮我们全家人，阿门。"我盯着面前的盘子，难以抗拒美食的诱惑。这里没有人指指点点，没有人划定界限，没有服务员盯着，没有用来掩饰呕吐的纸巾，没有用来判断分量的勺子，没有什么能抑制我的食欲。我怎么知道该从哪个东西吃起，吃到什么程度算完？我瞄了一眼克雷格，发现他已经开吃了。为什么这对他来说那么简单？我盯着碗里的沙拉，心想，就从它吃起吧。但接着，我又看见了汉堡，它看上去是那么难以抗拒，害我抛开了头脑里的条条框框，只顾满足身体的需要，抓起汉堡，狠狠咬了一大口。汤汁和番茄酱顺着面包边淌到了我手上。我一点也不想浪费，赶紧用舌头把它们舔掉。接着，我又咬了一口，慢慢咀嚼，感觉就像上了天堂一般，被爱意紧紧包裹。但紧接着，恐慌感突然冒了出来，但我告诉自己要抵制冲动，别把汉堡推开，但也别一口吞下去。我完全可以放慢速度，好好品尝，没人会跟我抢的。这一盘子都属于我，我可以统统吃掉。我又咬了一口，连声感叹，那是发自心底的喜悦。吃太饱又怎么样？我会静静等候，等饱腹感消失。我会活下去的。

　　这时，我才意识到克雷格在盯着我。他看见了我有多饿，看见了我吃汉堡时狼吞虎咽的模样。我觉得既尴尬又惭愧，就像做坏事被抓了现行一样。但克雷格只是微笑，眼神里没有一丝一毫的嘲弄，只有喜悦和释然。他看着我，似乎在想，我之前到底去哪里了。我告诉自己：格伦农，女人觉得饿是很正常的。满足自己的食欲，不浪费一滴汤汁，也是很正常的。记住，不要做淑女，要做战士。战士会满足自己的头脑、精神和身体。我深吸一口气，开始向土豆发起攻击。吃到饱为止！信任你的身体，它会给你指引。格伦农，像爱你的人一样对待自己吧。倾听自己的渴望和需求，满足这些需求，做你自己的朋友。

　　当天晚上，孩子们上床睡觉后，我走过克雷格身边。他坐在餐桌旁，低头盯着自己的手，似乎很紧张。他说："咱们能不能练练聊天？"

我说："什么？练练聊天？"

"对。我知道这听起来挺怪的。但听别人说话并做出适当的回应，对我来说真的很难。你很擅长跟别人交流，所以每次你想聊天的时候，我都怕自己会说错话。这就是为什么我会走神。安说这属于一种'战斗或逃跑'反应。我想，这就是为什么有时候我会忘记你说过的话，因为我当时心不在那儿。我觉得自己说什么也做不到，但安觉得我是缺乏练习。我知道，这听起来挺怪的。她说，我应该练练聊天和倾听。"

我在桌子对面找了把椅子坐下。"这一点也不怪，"我说，"我能理解。有时候，别人碰到我的时候，我也会有这种感觉。我猜，大概是觉得受到威胁了吧。所以，我开始寻找原因，练习待在身体里，不要动不动就神游天外。我练瑜伽就是为了这个，吃东西也是为了这个。我以前一直觉得是身体出了问题，但其实可能不是，没准我也只是缺乏练习。"

克雷格静静坐了一会儿，然后小声说："我爱你，想了解你。我知道，要了解你只有通过头脑。我在试着学习怎么做。"

我沉默了好一会儿才开口："如果你从来都不了解我，怎么知道你爱我？"

"我想要爱你。我想了解你，这样才能好好爱你。我需要你，但也想爱你。"

"我明白，真的明白。我必须学会用身体去了解你，你必须学会用头脑来了解我。这有点像《麦琪的礼物》。"

克雷格一脸茫然："有点像什么？"

"《麦琪的礼物》。"

"那是什么？等等，等我一下。"他推开椅子，冲进厨房，取回笔和本子，坐下来奋笔疾书。

"你这是干吗呀？"我问。

"我得记笔记，安提议的。我知道对你来说这很容易，但对我来说不是。我得记下来，这样才记得住。"

我看着克雷格娴熟地运用自己的身体，这对他来说是多么容易啊，让我惊叹不已。我想，没错，我正在学习运用身体，他正在学习运用头脑。既然他帮了我，我也该帮帮他。于是，我给他讲了《麦琪的礼物》的故事。故事主人公是一对小夫妻，他们深爱彼此，但穷得叮当响。妻子为了给丈夫的怀表配条表带，卖掉了自己一头美丽的长发。丈夫为了给妻子买一套昂贵的发梳，卖掉他一直视若珍宝的怀表。他们都舍弃了象征自己身份的物件，再也没有可以向世界证明自身价值的东西了，却向彼此证明了自己的价值。他们是彼此的爱人，这个身份比妻子的美貌和丈夫的地位都要真实。他们只留下了真相，这个真相便是爱。

记下这个故事后，克雷格把本子翻到下一页，说："我知道你已经很累了，但能不能给我讲个你小时候的故事？"于是，我给他讲了"奇迹"的故事。以前我给他讲过很多遍，但这是他第一次听进去。他俯身向前，提出各种问题，一直盯着我的眼睛。他眼中流露的无限激情使我不得不一次次避开眼神接触。我们一起哈哈大笑，那是发自内心的笑，带动了周围的气氛——原先屋里的死气沉沉一扫而空。我真希望孩子们现在还没睡，能听到这样的笑声。笑声代表着希望。两个人会心一笑是神圣的，因为这意味着双方同时浮出水面，而不是独自沉在水底，意味着双方都活在当下，试图亲密接触。跟克雷格一起哈哈大笑的时候，我心想，我们现在所处的空间就是爱吗？我们此时此刻是坠入爱河了吗？只有当双方都全身心投入的时候，才能坠入爱河吗？我们是怎么走到这一步的？我待在这个空间里安全吗？

我看了看钟，当时已经半夜了。克雷格发现我在看时间，便说："去睡吧，你得照顾好自己。我来收拾。"我低头看着自己的身体，心想，是的，这就是我自己，我得照顾好她。

我对克雷格说了声"谢谢"，然后回到卧室，钻进被窝，进入梦乡。

第十三章

爱是一切的答案

我们试图用身体、毒品、美食摆脱孤独，是因为我们不知道，人生来就注定孤独，每个人都是碎片。身为凡夫俗子，就意味着不完整，始终渴望重聚。有些重聚之旅极其漫长，需要仁慈和耐心。

　　恐惧、愤怒和慌乱会掩盖真相和上帝的恩典，就像乌云遮蔽繁星。但恐惧不会让真爱失色，流云不会令群星失真，我知道怎么才能找回通向爱、真相、平静和上帝的道路。

　　我从爱中来，正在爱中生，将往爱中去。

我一觉醒来，发现屋里已洒满阳光，就知道自己睡过头了。该死，孩子们上学要迟到了。我摇摇晃晃地走出房间，冲进厨房，发现里面弥漫着早餐的香气，又欣慰地看见，孩子们已经穿戴整齐，坐在桌边。克雷格指了指盘子，让我坐下，给我盛了一份煎蛋卷。我想过要把盘子推开，毕竟昨天晚上已经吃过了，但发现女儿们在看着我。我跟自己的身体确认了一下，发现身体想要吃煎蛋卷，便吃了起来。吃完，我又啃了两片吐司，喝了一杯橙汁，感觉心情一下子好起来，仿佛在参加每天三次的家庭聚会。这是我一直都在怀念的。我清理餐盘，克雷格说他去送孩子上学。和孩子们吻别后，我洗完盘子，坐在桌边，琢磨接下来该做点什么。我还没有准备好重拾写作，心理咨询还要再等三天，短期内也练不了瑜伽，那该做点什么呢？我坐在那里，想起了安、艾莉森和艾米都说过的话："你需要呼吸，格伦农。别忘了呼吸。"每次听她们提到呼吸，我都会不耐烦地翻白眼，心想，谁不会呼吸啊。但这时，我突然意识到，自己昨天才学会怎么吃东西！于是，我提醒自己，我需要重新来过，找回真实的自己。

我走到电脑前面，往搜索引擎里输入"那不勒斯，佛罗里达州，呼吸"，点击链接，跳转到一个教人通过呼吸疗伤的网页。这是跟我开玩笑吧，我心想。但认真读过网页上的内容后，我发现他们在八千米外就有个班，恰好在克雷格向我坦白的那栋大楼里。就这样，人生之旅的下一步呈现在了我的面前。

☂

几天后的一个晚上，我坐在一个铺有地毯的房间里，身边是一群显然也不懂呼吸的人。屋里回荡着轻柔的冥想音乐，四个角落都有小型喷泉，墙上挂满化茧成蝶的图片和箴言，架上摆着若干化茧成蝶的雕塑。室内温暖如春，仿佛身在茧中，让我感到既舒适又安全。我们的呼吸导师丽兹盘腿坐在前方，披肩秀发，素面朝天，上身 T 恤衫，下身牛仔裤，颈间挂着珠链。她让我们铺开瑜伽垫，平躺下来。这么多人挤在一个小小的房间里，两两之间挨得很近，能听到彼此的呼吸声，闻到彼此身上的气味。丽兹让我们开始深呼吸。

我们平躺着深呼吸的时候，丽兹谈起了上帝，起码我是这么觉得的。其实刚开始并不容易听出来，因为她总是称上帝为"源泉"和"灵气"。她说，我们想怎么称呼上帝都行，她选择"源泉"是因为我们源自上帝，选择"灵气"是因为它意为呼吸，而上帝就像呼吸一样与我们近在咫尺。她说，即使我们脱离源泉，也会渴望回归，而只要通过呼吸，就能回到上帝身边。丽兹笑着说："很多教学机构都不希望你们知道，想与上帝同在，只要靠呼吸就够了。因为如果大家都知道了，就会跳出怪圈，他们就要失业了。呼吸就是自由，意识到这一点是非常重要的，你们要牢牢记住。"

我睁开一只眼睛，偷瞄其他人的反应。她怎么敢说这么大逆不道的话？我只觉得坐立不安，就像高中时在学校里办派对，突然有人掏出大麻；就像我们在偷偷摸摸印伪钞，而不是规规矩矩到银行排队取钱。我朝大门望去，有点希望警察或牧师突然闯进来，在大家策划推翻政府之前取缔这个邪教。我又想起那个"教会代言人"说过的话：待在上帝的保护伞下面，格伦农。我很确定，这个地方不在上帝的保护伞下面。但我为什么如此激动，如此有活力？

你想怎么称呼上帝都行……真的吗？以前可没人这么教过我。以前别人告诉我的都是，不敬上帝之名，必被烈火焚烧。但丽兹的说法让我想起，蔡斯喊我"妈"，蒂什喊我"妈咪"，阿玛喊我"妈妈"，我从来没有因为这个想要烧谁。我知道他们喊的都是我。关于称呼的问题，造物主起码应该比我宽容吧？这个假设似乎挺合理的。

我回过神来，注意听丽兹说的话。她说："好了，现在气往下沉，用腹部呼吸。"她把一只手搁在胃部，说："看着你的手随呼吸上下起伏。"我试着去做，但是做不到。还是胸口在上下起伏，肚子却毫无动静。我开始着急，有点慌了。丽兹听见我有点不对劲，就走到我身边坐下，把手搁在我的手上，说："用这里呼吸，

不要用胸口。再往下一点。用胸口呼吸的时候，我们活得太高高
在上，会感觉根基不稳。深呼吸，往下沉，放低姿态。"我又试了
一次。丽兹一直陪在我身边，手在我的肚子上搁了很久，我都不
好意思了。我想放弃，但又告诉自己，稳住，待在垫子上，按她
的指示来，不要逃出去。最后，我终于感觉到了变化，终于会用
腹部呼吸了。只听见丽兹说："做得好。"

　　接下来发生的事只持续了一瞬间，感觉却像永恒。我只觉得
灵魂出窍，神游太空，但见漫天繁星。就在身体飞升之际，我敞
开胸怀，无限延展，直至天人合一。我的眼睛成了天空之眼，可
窥见万物。我变得宏伟、浩瀚、无垠。有生以来第一次，我没有
一丝恐惧，只觉得舒适而平静。我知道，自己正与上帝交融。这
是我的灵魂回归源泉之旅。那个源泉便是上帝，上帝便是爱。此
时此刻，我与上帝坠入了爱河，而完美无缺的爱中是不存在恐惧
的。所谓永恒，或许就是如此吧？肯定没错。这就是终点，而终
点又是新的起点。这就是灵魂的交融，就是回归完美无缺的爱。
既然与上帝同在的地方绝无恐惧，为什么别人都教我要畏惧上帝？
我感到了对上帝的敬畏，对这份爱的敬畏——不是畏惧，而是敬
畏。这个地方不可能存在畏惧。在我看来，畏惧和上帝一点关系
都没有。我此刻被爱着，过去被爱着，未来也将被爱着。我从未
远离这份爱，只是过去产生了误解。我想起那个警告我不要离开
上帝保护伞的女人，真想回去告诉她："姐妹，当你已是整个天空，
还要伞做什么？"

　　我飘在空中，听见丽兹叫我们放慢呼吸，重返现实，便调整

到用胸腔呼吸，感觉自己回到体内，就像灵魂钻进睡袋。我慢慢坐起来，看了看钟，发现已经过去一个半小时了。我根本没意识到！只见每个人都在略带羞涩地对彼此微笑。起初我们是陌生人，但在共同经历这段奇异旅程后，如今感觉无比亲近。丽兹问，有没有人想分享自己的体验。屋里先是安静了片刻，然后我旁边的女人哭了起来。她说："我是个牧师。我祈祷了二十年，冥想了十年，想体验与上帝同在的感觉，但从来没有这样……我描述不出来，感觉就像……就像我被宽恕了。我是美好的，是被爱着的。我一直在努力变得更好，变得与众不同。上帝对我的爱是完美无缺的，他爱的是我原本的样子。在此之前，我从来没有真正理解这一点……"我看着她，感到一阵释然。我没想到，她也有同样的体验。我对她坚定地点点头，伸手去触摸她的胳膊。她把手掌压在我的手背上，让我把手搁在那儿。我想起了爱犬西奥，想起每天晚上有多需要它压在我腿上，带来船锚一样的稳定感。我想，是不是只有通过身体接触，才能证明我们是真实存在的，是脚踏实地的。

我原本的样子，她是这么说的。她听起来很惊讶。我也一样。我突然意识到，虔诚的信徒最容易被上帝的恩典打动。那些怎么也跳不出的怪圈，其实是我们自己创造的。我们忘记了，造物主将我们创造成凡夫俗子，所以当个凡夫俗子也没有什么不对。我们口口声声说崇拜造物主，却为它对我们的安排而感到惭愧。在向上帝展示自己之前，我们总要掩饰一番，藏起所有的疑虑、矛盾、愤怒和恐惧，就像在拍 X 光片之前涂脂抹粉、穿金戴银一样，其实毫无意义。真正亲近上帝的人，通常没有精心打扮，也没坐在教堂的长椅上，而是衣着朴素，坐在互助会的折叠椅上。他们决定不再掩饰，不再伪装。他们知晓了真理：痛苦让他们跌入谷底，而谷底是坦诚人生的开端，是精神之旅的起点。他们知道，信仰便是赤条条地站在造物主面前，提出克雷格那天在心理咨询室里向我提出的问题：我只想知道，你在了解真实的我以后，还会不会爱我。上帝对我们做出了肯定的答复，这对每个人来说都是终极的解脱。然而，我们却很难对彼此做出同样的答复。

我不是上帝，但克雷格还是对我提出了这个问题。他问的是我，所以只有我能作答。但我该怎么回答呢？我想，完美无缺的爱是真实的吗？答案似乎只有"是"或"否"。我觉得，克雷格与其说是在问"你能原谅我吗，格伦农？"，不如说是在问"上帝能原谅我吗，格伦农？"或许，在问我能否爱他之前，他需要先弄清楚，自己是否配得上被爱。我还清楚地记得，自己小时候坐在父母家的沙发上，思考自己是否配得上被爱。我还记得，圣母马利亚和父母对我的回答是：是的，你配得上。墨西哥湾对我的回答也是：是的，你配得上。今晚的天空再次回答我：是的，是的，是的，你配得上。天空中写着唯一真实的答案：是的，你配得上。真相就是上帝的恩典，而上帝的恩典不存在例外。我过去做的事并不代表我的全部。如果我承认这个说法是真实的，就必须承认，克雷格过去做的事也不代表他的全部。我需要告诉他：你过去做的事并不代表你的全部。你此刻被爱着，过去被爱着，未来也将一直被爱着。你不仅仅被爱着，你本身就是爱。我不知道自己会不会留下来，也不知道能不能再信任你，但当你忘记这一点的时候，我会告诉你真相。我可以成为你的爱的见证者。你是为爱而生的，上帝的恩典是无偿赐予每个人的。只要你想要，就配得上上帝的爱与恩典。

上帝的恩典是公平的，对每个人来说都是真实的。对我来说，获得上帝恩典要付出的代价，就是想到克雷格也能接受恩典。但只要一想到这一点，我脑海里就会出现无数画面，觉得自己是个存钱罐，有人拼命往里面塞东西。那些画面是女人的脸庞，象征着克雷格这么多年来睡过的人。爱似乎变成了一个问题：如果上帝的恩典对你来说是真实的，对克雷格来说也是真实的，那么对那些女人呢？此时此刻，我才理解，上帝的恩典是一种既美好又可怕的东西。爱的代价确实很高。对我来说，代价便是：我必须停止装作跟克雷格和那些女人截然不同。我不肯饶恕他们，不过是选择了另一条轻松出路。我们完完全全是一样的，没有任何区别。我们都是放错位置的拼图碎片，只是迷失罢了。我们都渴望重聚，试图寻找出路，用的却是错误的方法。我们试图用身体、毒品、美食摆脱孤独，是因为我们不知道，人生来就注定孤独，每个人都是碎片。身为凡夫俗子，就意味着不完整，始终渴望重聚。有些重聚之旅极其漫长，需要仁慈和耐心。

我想起几年前，圣母马利亚吸引我向她走去。来吧，来这儿。来我这儿，格伦农，按你原本的样子。

但是，圣母马利亚，我未婚先孕，年轻而恐惧，迷失而孤独。

她说：我也是。上帝爱这样的我们。来吧。

如果我想把自己完全交托给上帝，就必须坚信其他人也能做到。如果我想安歇在上帝敞开的怀抱中，不想被赶进后堂听牧师训话，就不能把其他人送去那里。只有无偿的救赎，才是真正的救赎。上帝的恩典只有遍及四海，才能针对个人。我的解脱和他们每个人的解脱息息相关。想要一起成为完整的人，我们首先要在上帝面前完整地呈现自己。只有相信上帝对我的爱是完美无缺的，我才能原谅克雷格和那些女人，因为凡夫俗子的爱都是不完美的。于是，我决定放弃自己的需要。我愿意为上帝的恩典付出代价。是的，上帝的恩典对所有人来说都是真实的。我选择让所有人一同蒙恩：我自己、克雷格，还有其他女人——我们所有人。短短几天时间里，我已经是第二次在挤满陌生人的房间里哭泣了。我感觉得到了救赎。

但即便是感觉到肩头的重担轻了许多，我也知道这种平静不会持久。我迟早要离开这个房间，会再度迷失方向。恐惧、愤怒和慌乱会掩盖真相和上帝的恩典，就像乌云遮蔽繁星。但恐惧不会让真爱失色，流云不会令群星失真，我知道怎么才能找回通向爱、真相、平静和上帝的道路。我需要做的不过是关注呼吸，等待流云和恐惧消逝。此时此刻，我觉得房间是如此狭小，简直容不下自己胸中满满的爱意。于是，我收起垫子，走出门外。

我开车回家，走进屋里，发现克雷格在沙发上看电视，便坐在他旁边。他赶忙关掉电视，紧张地盯着我。我说："听着，今天晚上发生了一件怪事。我意识到，你和我其实是一样的。你过去把性当作爱，我则把酒精和美食当作爱，我们都迷失了方向，但这并不意味着我们没有被爱着。我们是被爱着的，你是被爱着的。你现在得到了宽恕，过去也得到了宽恕。你是被爱着的——按你原本的样子。一切都会好起来的。我想，或许一切已经好起来了。"克雷格的眼中满是痛苦，但又充满希望，所以我补充了几句："等等，这个宽恕不是我给你的，至少现在还不是。这并不意味着我原谅你了，我还没走到那一步。我只是知道你得到了宽恕，创造你的造物主了解你，爱着你，没对你生气。无论最后是在一起还是分开，我们都会好好的。你、我、孩子们——我们都会好好的。没人想惩罚我们，我们是彻底安全的。无论我们选择哪条路，路的终点都是救赎——无论如何，爱终将获胜。"

克雷格静静思考。我看得出，他确实听进去了，正在努力接受。一分钟过后，他说："好吧，好吧。"

我走进自己的房间，躺在床上做起深呼吸，思考今天晚上感受到的上帝和过去别人教我畏惧的上帝有什么区别，脑中突然响起那个虔诚信女对我说的话："上帝安排你成为克雷格的帮手，你的责任是帮他熬过这段艰难时期。"从教会教给我们的东西来看，她说得没错：《圣经》曾将"女人"解释为"帮手"。这只是宗教传递给我的信息——女人的责任不是过上完整的生活，而是帮男人过上完整的生活。女人只是男人史诗中的配角罢了。接着，我想起了丽兹。不要跳进怪圈，跨越中介，直达本源。我的目光落在了分居后一直被我藏起的《圣经》上面——人们一直把它当作长鞭，驱使我待在自己的位置上，或是去他们想让我去的地方。我走过去，翻开《圣经》，开始寻找。就在开篇，上帝创造男女，称女人为帮手。我觉得一阵反胃。"帮手"真是上帝给我的第一个名字吗？

我把《圣经》拿到电脑旁边，搜索这段话的意思，想弄清被译为"帮手"的这个词原文是什么。很快，它就出现在了屏幕上。

希伯来原文中的"女人"，有两次是指世上第一个女人，三次是指强大的军事力量，六次是指上帝。这个词就是：

Ezer

浏览其他人写的阐释上帝意旨的文章时，呼吸课上体验到的顿悟感再次袭来——那些女人决定自己印制钞票，而不是排队取钱！那些女人决定绕到冰淇淋车后门偷吃，而不是掏钱购买！那些人全都说，这个翻译是错的。但错的其实是他们。我意识到："Ezer 有两个词根：强大和仁慈。对 Ezer 最恰当的翻译应该是：战士。"

上帝将女人创造成了战士。

我想起了女人一生中面对的无数悲剧。孩子生病、男人离家、父母去世、邻里不和，承受这一切的都是女人。她们在忍受自身痛苦的同时，还要肩负起照顾别人的重任。周遭的一切都在崩塌，女人却忙着携老扶弱，操持衣食，将全家人的悲伤、愤怒、爱与希望系于一身。她们为身边的人分担压力，排忧解难。即使陷入绝望，她们也从未停止对真理、爱与救赎的渴求。她们不知疲倦，坚定不移，百折不挠，与上帝携手，在原本空无一物的世界上创造出美好。难道女人不一直都是战士吗?!

过去，我瞧不起克雷格，因为他太软弱，没能成为永不失败的英雄，没能符合我和世界对他的期待。但现在，我低头看着自己摆脱酒瘾、强壮有力的身体，突然觉得，如果说是我们的期待错了呢？如果说我本来就不需要克雷格成为我的英雄呢？如果说我并不需要克雷格那么强大，因为我自己已经足够强大了呢？如果说我并不需要克雷格带给我完美无缺的爱，因为我一直蒙受上帝完美无缺的爱呢？如果说我才是自己真正的英雄呢？

成长就是回归自己原本的样子。我的治愈过程就是褪去层层伪装，直到赤身裸体、坦坦荡荡地站在上帝面前，只留下最真实的自己。我变回了原本的样子。现在，我是一名战士，赤身而战，强大仁慈，阴阳合一，圆满而非渴求圆满，为一切值得战斗的事物而战。那些事物就是真实、美好、善良、坦荡和爱。我张开双臂，拥抱爱与痛苦，虽然身处废墟，仍然坚信自己的力量，坚信爱与光明比黑暗更强大。现在，我知道自己的真名了——爱的战士。我从爱中来，正在爱中生，将往爱中去。爱驱散了恐惧。意识到自己真实身份是"爱的战士"的女人，是世界上最强大的军事力量。世界上所有的黑暗、耻辱和痛苦，都无法将她打垮。

想到这些，我挺直腰板，深吸一口气，大笑起来。

第十四章

成长是一辈子的事儿

人生是一条无比湍急的河流，在不断前行的流淌中，我们曾遇到过泥沙阻挡、大坝阻隔，亦或是狂风大浪，这些困难与障碍、磨砺与痛楚或许会成为我们心中的暗礁。可是，当我们勇敢地面对时就会发现，那些曾经的伤痛会让我们生命的河流流得更宽、更远，更加清澈无比。

接下来的那个星期，我收拾行李，飞往密歇根，去做自己有生以来最重要的一次演讲。我的书一经推出便大受欢迎，所以有了这次演讲。为此，我已经筹划了好几个月。但在公众面前展露真实的自己，我还远远没有做好准备。我或许是一名战士，却是一名胆小的战士。我清楚，讲坛上可没有"分身"的位置。人们邀请我登台演讲，是因为我的文字展现了自己的软弱，我需要向观众展现真实的自我。对我来说，这个时机真是残酷。

　　妹妹在接机口等我，帮我拎行李，还安排好了行程的每个细节，好让我专心准备演讲。听到主持人喊出我的名字，我便登上讲坛，忽略其他观众，在人群中寻找妹妹的眼睛。她高高昂起头，目光坚定而无畏，像是在说：别担心，不管发生什么事，我们都会并肩离开。发表演讲之前，我先深吸了一口气，将她的自信注入内心深处。别的事我都不在乎，只想让妹妹引以为傲。每次演讲之前，我都会对上帝说句话，这次也不例外。好了，我出场了，接下来就看你的了。

我谈到了精神病院，说自己时不时会想念那里。我告诉大家，我去那里是因为上瘾，而之所以会上瘾，一方面是因为自己有问题，一方面是因为这个世界有问题。从很小的时候开始，我就看着这个恐怖的世界，认定自己太支离破碎，太与众不同，绝不能冒险展现出真实的自我。我觉得自己太软弱，无力承受痛苦，也就是爱的代价。于是，我选择了躲避。

　　我解释说，上瘾是非常致命的避难所，敏感的人用它来逃避爱和痛苦。在那里，没有人能伤害我们，所以我们会觉得受到保护。但爱和痛苦是唯一能让人成长的东西，逃避就意味着放弃成长。我打造的笼子挡住了外界的有毒气体，却也阻隔了自身需要的氧气。我不知道，被人看见、被人了解，对自己来说就像氧气一样重要。

　　我告诉大家，我第一次隔着笼子向外张望，就是在精神病院里。由于那个世界比外面小，规则也没那么残酷，我觉得足够安全，敢于暴露自己的弱点。那里的人都把伤疤暴露在外，所以你能看清他们的立场。那里没有"分身"生存的空间。停止伪装的感觉棒极了，就像是长长出了一口气。那里面有些规矩，教你如何认真倾听，如何好好说话。我们学会了通过舞蹈、绘画和文字抒发自己的感受，而不是继续依赖食物和酒精。当恐惧降临时，我们会手挽着手。而不得不离开的时候，我哭了。我告诉大家，直到二十年后，我在这个大大的世界里仍然会觉得既暴露又软弱，所以一直在寻找规则比较友善的小世界——互助会、博客社区、婚姻、友谊、信仰、艺术、家庭。在这些地方，我觉得足够安全，能够袒露真我，让人了解。

　　我告诉大家，我终于为真实的自己感到骄傲了。现在，我终于知道，我不是个糟糕的人，而是在一个糟糕的世界里极其敏感的人。如今，每当有人问我为什么经常哭泣，我就会回答说："这跟我经常微笑是同一个原因——因为我全情投入。"我告诉大家，我们可以选择变得完美无缺，受人崇拜，也可以选择变得真实，被人所爱。我们必须做出抉择。如果选择变得完美无缺，受人崇拜，就必须派出"分身"替自己生活。如果选择变得真实，被人所爱，就必须派出真实而脆弱的自己。只有这么一条路可供选择，因为只有先被人了解，才能被人所爱。如果选择暴露真实的自己，就可能受到伤害。但不管怎么选，我们都会受伤。逃避是痛苦的，不逃避也是痛苦的。相对来说，不逃避的痛苦要好过一些，因为没有比无人理解更糟糕的事了。有讽刺意味的是，真实的自我其实比"分身"更坚强，脆弱的自我其实一点也不软弱，她是为了体验爱的痛苦而生的。脆弱正是我的力量之源。事实证明，我根本不需要躲避。我是一名战士。

　　"感谢你们的邀请，"我说，"感谢你们提供一个安全的场所，让我展示真实而脆弱的自己。"

　　说完，我便转身步下讲坛，走向空旷而亮堂的走廊。不知怎么的，妹妹已经在那里等我了。她扳住我的肩膀，大声说："你做到了！真不敢相信，你做到了！你太美，太真实，太有感染力了。大家全都站起来了！大家都起立为你鼓掌喝彩！你走得太急，都没亲眼看到。"她一把将我搂进怀里，我感到一阵晕眩，心中充满爱意、释然和感动。我任由妹妹搂着，心想，大家是在为真实而喝彩。"走吧，"她说，"给你找点吃的。"她拉着我的手，我们一起走出前门。这时，身后传来一个声音。

"格伦农！格伦农！等等！"我们转过身，只见一位满头银发的老太太朝我们跑来。她跑到我们跟前，说："谢谢你们停步。我刚听完你的演讲，你简直棒极了。我看简介上面说，你是从那不勒斯来的，我以前也住在那儿。我知道你该去哪个教堂。你住哪个街区？"

我告诉了她，她的眼睛一下子亮了起来："记一下，有个地方很适合你，离你家只有几个街区，是你提到过的那种地方——让人觉得安全，能够袒露真我的地方。"

"好呀！太棒了！谢谢！"我嘴上这么说，心里想的却是，才不呢。

第二天晚上，我开车回家，缓缓穿过街区，眼睛四下搜寻。在那儿，那座教堂就矗立在我路过无数次的街角，在夜色中熠熠生辉。我停下车，注视着它。教堂白色的尖顶比周围最高的棕榈树还要高出不少。我突然有种冲动，想进里面看看。有一扇窗户透出柔和的黄光，让我不禁猜想，墙的另一边可能是个烛光点点的温暖房间，圣母马利亚在那里守候疲惫的夜归人。我想知道，这是不是那种我可以脱下鞋子，赤脚踩在天鹅绒地毯上的地方？停车场里只有我这么一辆车。我心想，一座无人造访的教堂，或许对我来说是最安全的地方。然而，我终究还是没有进去，因为不想冒被叫进牧师办公室的风险。于是，我开车回家，收拾行李，然后抱着笔记本电脑钻进被窝，开始搜索那所教堂的信息。

我开始浏览，发现它是第一所任用黑人牧师和同性恋牧师的教堂，还找到了一张牧师们抗议虐待移民的照片。翻过一张张教堂门前彩虹旗飘扬的照片，我心中渐渐燃起了希望。从网站提供的信息来看，这所教堂似乎挺安全的，但我真正需要了解的是潜规则。于是，接下来那个星期周日礼拜的时候，我开车缓缓驶过教堂的停车场，观察每辆车保险杠上的贴纸，发现既有民主党贴纸，也有共和党贴纸，还有代表环保和共存的贴纸。我数了数，总共有七张代表同性恋的彩虹旗贴纸，没有一张是骷髅头或火焰的，所以我决定试试看。

接下来的那个星期天，我和克雷格一起走进了那所教堂。在门口迎接的是几位穿着时髦、相貌和善、银发飘飘的女士。她们全都精心打扮，套装笔挺，还蹬着高跟鞋。我们接受了她们的微笑和递来的教会手册，走进圣堂。克雷格提议坐在后面，但我摇了摇头，大步走向前排，他只好不情愿地跟了过来。管风琴响起，第一个音符便让我的心灵获得了无上满足。接着，银发教友合唱团唱起了赞美诗。听着他们哼唱经典旋律，我的心就像气球一样，飘浮在身体之外。我试图夺回控制权，不想任由自己信马由缰。老实待着，我告诫自己。但接下来，一位秃顶牧师走上圣坛，开始布道。他看上去是那么温柔，那么脆弱，让我渐渐放下了警惕，对他产生了一丝信任。

牧师宣称，他在这里是要消除上帝与子民之间的隔阂，而不是增加隔阂。他谈到，信仰应该是温和包容的，而不是武断封闭的。他谈到了自己的穆斯林、无神论和犹太教朋友，说他们身上都有自己应该学习的地方。他向国家领导人乃至世界领袖大声疾呼，因为他们将大笔资金投入战争而非缔造和平。他向在美国国会游说的基督徒大声疾呼，因为他们力图降低富人的税额，却对穷人的疾苦置若罔闻。他谈到了头天晚上为一名黑人少年举行的哀悼仪式，那个加州少年在送女友回家的路上被人残忍杀害。他说那不是误会造成的悲剧，而是赤裸裸的种族歧视导致的仇杀。他恳请白人教友们认真思考，为什么会出现这种问题。这场布道充满勇气和慈悲，而且立场坚定。我发现，牧师提到上帝时从来不用代词。在他看来，上帝不是一个男人。提到普通人的时候，则通常用"他或她"来指代。他的用词一看就是经过精心选择的，尽量避免触碰人们的伤口。在我听来，他的每一句话都充满了爱。爱是谨慎，爱是谦卑。这个男人也是谨慎而谦卑的。他用自己的声音将那些被遗忘的人托出水面，用自己的自由为那些尚未获得解放的人而战。即使是遣词造句，他都那么用心。我没有看见圣母马利亚的画像，但能从牧师的言谈中感觉到，这里确实满溢神性，让人备感安全。

礼拜结束后，我和克雷格走出圣堂。一位女士朝我们走来，脸上带着真诚的微笑，似乎对我们挺好奇。我边说"你好"边瞟了一眼她衣领上逗号形的彩虹别针。她看见了，便伸手摸了摸别针："逗号是因为上帝还没说完，彩虹当然是代表同性恋。"

"啊，"我说，"没错，当然了。呃，我来这儿，是因为特拉弗斯城的一位女士极力推荐。她保证，这里非常适合像我这样的女孩。"

我描述了那位女士的模样，戴着彩虹标志的女士说："那是凯茜！她以前是这里的牧师，是个聪明、坚强、令人不可思议的女人。她原本是天主教修女，后来成了圣公会牧师，跟马丁·路德·金一起游行过。欢迎你！我是查恩利，很高兴能见到你这么可爱的姑娘。"她转过身，指着牧师说："那是我丈夫。"

我笑了。她没说自己是那个人的妻子，而说那个人是她的丈夫，我喜欢这个说法。走出大门后，克雷格看着我，说："咱们下次再来吧。你觉得呢？这个地方感觉挺好的。"

"嗯，也许吧。"我说。

接下来的那个星期，我们又去了。礼拜结束后，罗恩牧师和另一位牧师贝芙共同宣布，教堂新聘请了一位道森牧师。他布道时激情四射，恰好还是个同性恋。是银发教友们投票让他加入的，他们这么做不是表示容忍，也不是为了改变他，而是请他带领大家。宣布完这个消息后，贝芙牧师露出了微笑，教友们开始鼓掌。我松了一口气，决定冒险加入这个大家庭，不是因为我在这里不会受伤，而是因为即使被这些人所伤我也心甘情愿。我完全信任这里的规矩。道森正式成为我们的牧师后，我也正式成为了这里的教友。

我还是不放心让孩子来这里上主日学校，便要求跟负责儿童的牧师南希见个面。她在办公室里接待了我，我吐露了自己的担忧：孩子们在这里会学到哪些关于上帝的东西？我告诉她，我们需要一个这样的教会：能帮助我们坦诚地爱自己，无私地爱他人，无畏地爱上帝，能给我和孩子们呼吸和成长的空间，绝不怠慢我们的异议、疑虑和问题。南希始终不加评判、全神贯注地听着，等我说完后，才表示："你愿意帮我教这里的孩子吗？能把你刚才解释给我听的这种爱教给这里的孩子吗？"我被这话惊到了，盯了她大概有一分钟，认真思考要不要接受邀请。最后，我说："好的，好的，我愿意。"就这样，我成了传递爱之福音的牧师。

每个星期，我都会跟教友的孩子们坐在一起，给他们讲我坐在洗手间地板上感受到的上帝。我告诉他们，耶稣之道便是爱。有些人张口耶稣闭口耶稣，却没有真正跟随他的脚步。有些人从不把耶稣之名挂在嘴边，却一直完美地走在正道之上。我教给他们，信仰不是给人归属感的俱乐部，而是让人屈服的洪流。当你变得更善良、更温柔、更包容、更谦卑，当你不断被带到自己害怕的人面前，彼此相爱，不再恐惧的时候，你就知道自己置身于这股洪流之中了。我教给他们，《圣经》里最常出现的两个词就是"无须害怕"和"要记住"。人类这个大家庭之所以会分崩离析，是因为从小接受的教育让我们害怕彼此。想要缔造和平，就得用爱将人们重新聚到一起。要记住！我告诉他们，我们是同一块拼图的不同碎片，所以伤害别人就是伤害自己。我解释了自己的观点：天堂就是那张完整的拼图。但我又告诉他们，不该等待来世的救赎，而要从此时此刻做起，通过对上帝的每个子民亲如手足，让天国重返人间。我告诉他们每个人，要勇敢，因为你是上帝的孩子；要善良，因为别人也是上帝的孩子。我们每个人都彼此相连。

我告诉他们，上帝爱他们每个人。上帝的爱毫无保留，坚定而炽烈，温柔而完整。我们向他们保证，不用为自己的本性而惭愧。经我之口，那个曾经将我淹没的平静而微弱的声音，如今被更多的人听见了。你！你是被我所爱的！我创造了你。你过去、现在和将来做的每件事，都是经过我批准的。无论你做了什么，我对你的爱都不会有所增减。没错，就是这样。因此，不要再躲藏，不要再等待，现在就来吧！快站起来，与我共舞！每次看着十岁女孩的眼睛，告诉她，她很棒，上帝爱她，所以不用沉到水底去呼吸的时候，我都觉得像在对十岁的自己说话。不要再躲藏，你在这里很安全。毕竟，宝贝，这是属于你的天地。要记住，无须害怕。

　　几个月过去了，转眼又是秋天。孩子们返校上学，我得知克雷格出轨也有一年了。我能感觉到，那股洪流软化了我，在将我推向克雷格。我拼命抵抗，害怕向它屈服。有一天，在接受心理咨询的时候，我对安说："我一直在想，事实证明，我不是甘地，也不是艾莎，不是帮手，也不是金丝雀。我其实是个战士。"

　　安微微一笑，挑起眉毛，像在发问。

　　我解释说："我开始把自己想成身体、头脑、灵魂的三位一体。"安点点头，示意我继续。"我是三位一体，对吧？有一天，我在想三位一体的事，怎么才能用尽力量、灵魂和头脑去爱上帝。

我觉得自己知道怎么用头脑和灵魂去爱上帝。在写作、阅读和思考的时候，我是用头脑去爱上帝，这是我的精神生活。在祈祷、冥想和关心他人的时候，我是用灵魂去爱上帝，这是我的灵性生活。这两种生活是我创造的，规矩也是我定的，别人不能指手画脚。但我一直不知道该怎么样协调身体与头脑和灵魂的关系。我知道，自己也应该用身体去爱，去生活。但问题在于，'用身体去爱'总让我联想到性。一想到这个，我都像瘫痪了似的动弹不得。我没法想象能重新信任克雷格，信任到跟他上床。性爱只会伤害我，为什么我还要那么做？那么做根本没意义啊。"

经过一番深思熟虑，安回答说："建立信任需要时间。两个人的亲密程度就像一座高山，性爱在山顶，而你和克雷格还在山脚，不可能一开始就跳到山顶。这个你们已经试过了，忽略了爬山的过程。在慢慢往上爬的过程中，你们之间会建立纽带。你们必须一起往上爬，一步一个脚印，一步一步来。我们不妨先聊聊拥抱和亲吻。"

"好吧。我不喜欢拥抱和亲吻。克雷格的拥抱让我窒息。我正忙着呢，他就冲进厨房，一把抱住我，抱得那么紧，久久不肯松手。他的拥抱让我感觉更像是控制或恐惧，而不是爱。他的拥抱让我觉得太黏人了。"

"好的，那亲吻呢？过去你和克雷格接吻的时候，心里在想些什么？"

"想些什么？我会想，谁规定的非要接吻啊？是谁第一个提出'哦！我有个好主意！我们把舌头伸进别人嘴里吧！'大概是某个希望女人乖乖闭嘴，赶紧跟他上床的男人吧？亲吻让我感觉很可疑，像是为了让人闭嘴。性爱是最终目的，亲吻只是实现目的的手段，是满足男人下一步需求的垫脚石。我讨厌它。"安看着我，又挑起了眉毛。我补了一句："我知道，我真是个无药可救的浪漫派。"

"那么，当你心里这么想的时候，都说了些什么？你有没有告诉克雷格你的感受，你的想法？"

"当然没有啦。我只是等着一切结束。"

"好吧，格伦农，你的感受和想法都没问题，这么想很正常，也说得通，没有必要为此感到惭愧。但你需要告诉克雷格，或者其他跟你亲密接触的人。有这种想法或感受的时候，马上告诉他们。你必须信任自己的感受，把它们说出来。当你的头脑和身体表达不一致的时候，就会出现误解和分裂。格伦农，你需要合二为一，让想法和行动，也就是头脑和身体保持一致。当你感到愤怒、恐惧、被人利用的时候，不要装得若无其事。用身体的每个部分去讲述真相吧！你的感受没有错，错的是假装没有这些感受。婚姻应该是用一生的时间了解彼此，慢慢培养亲密感，而不是一言不合就停止交流，抛下对方孤独度日。"

"在这方面，克雷格也在努力。他在练习不用身体而用语言去表达自己的需求和感受。性爱给你的感受——阴暗、羞愧、冷漠——也是克雷格的感受。你们都认为性爱是利用别人满足自己的需求，而不是给予和接纳爱。你们都将它视为见不得人的酒后产物，所以会感到惭愧，觉得不对头。你们俩都需要消除许多错误观念。你们做过很多次爱，却没有建立起真正的亲密感。出于同样的原因，你们也无法跟别人建立亲密关系。你们都还刚刚起步，还在山脚下。"

"你对克雷格说过，拥抱没问题，那就先留在这个阶段，想留多长时间都行。我们会慢慢来，让你有安全感。这个星期，我希望你们练习拥抱。克雷格拥抱你的时候，我希望你信任自己，关注自己的感受和想法，及时跟克雷格分享。"

☂

第二天下午，我站在家门口的人行道上，手里攥着遛狗绳。有辆垃圾车在街对面停下，坐在副驾驶的人翻身下车，朝邻居家的垃圾桶走去。突然，他停下脚步，盯着我看。他的眼神直勾勾的，是那么炽烈，像是一种威胁。我屏住呼吸，心提到了嗓子眼。不过，我赶紧告诫自己，别胡思乱想了，我很安全。我当然是安全的，我们之间隔着三四米呢，只是看着彼此而已。于是，我冲他点头致意。他扭过头去，回到车里，跟司机交换了一个眼神，得意地咧嘴一笑。我浑身都绷紧了。那个男人两眼放光，把拇指和食指塞进嘴里，准备冲我吹口哨。他直勾勾地看着我，但打算做的事跟我一点关系也没有。那不是针对我的。我只是他和司机之间的一个玩笑罢了。我心里燃起熊熊怒火，简直要气炸了。这么一大早的，我站在自家门口宁静的街道上，这个男人却要破坏这种氛围。我双手抱胸，为即将响起的噪声做好准备，但旋即想到：

应该用你的声音讲述内心的感受。我记起，觉得自己该有哪种感觉并不重要，重要的是你的真实感受，而且不能装作无动于衷。我现在的感受是恐惧和愤怒，觉得这件事简直太荒唐了，女人出门遛狗不该受到陌生人的骚扰。我厌倦了对男人充满恐惧。于是，在家门口的人行道上，我实现了身心合一。我没有转身走开，而死死盯住那个男人，用没攥狗绳的手指着他大声吼道："不！不许那么做！不许对我那么做！"

我被自己愤怒而坚定的声音吓了一跳。现在，我成了那个打破宁静的家伙，他反倒成了那个浑身僵住的人。他放下了手。我们彼此对视，比赛看谁先退缩。我始终直视着他，他终于移开了视线，认输了："抱歉，女士。"我深吸一口气，点了点头。他转过身去，把邻居家的垃圾倒进车里，爬进车斗，用拳头敲了敲车身，示意司机可以走了。我目送他们离去，一切重归平静。

我环顾四周。我还在自家门前，还在遛狗。我没有抛弃自己，而是捍卫了自己，尊重了自己。通过尊重自己，我也尊重了那个男人，尊重了我们所处的空间。我提醒了他，我们都是人。我直视他的眼睛，心里说：我就在这里。我不仅仅是你看到的东西。除了身体，我还有灵魂和头脑——我的全副身心都在说"不"。不许对我那么做。我直视一个男人的眼睛，向他展示了自己。在这个过程中，他也想起了自己的本来面目，所以才放下了手。他的眼神像在乞求原谅。抱歉，我不知道您在这里。我站在宁静的街道上，心想，如果我能对陌生人这么做，能不能也对丈夫这么做？

那天晚上，我正在洗碗，克雷格走到我身后，张开双臂搂住了我。在他怀里，我感觉到了希望和恐惧。我等了一会儿，他还没有放手。我不喜欢这样。他想要的太多，进展太快了。我没有允许他拥抱我。心灵在对我诉说，所以我告诉了克雷格。但因为他胳膊箍得太紧，我只好冲着洗碗池说："我知道你想表示爱我，但这么做我感觉不到爱。我希望能循序渐进，而不是突然袭击。你一把抱住我的时候，我觉得很烦，很愤怒，但又觉得只有混蛋才会这么想。这种恶性循环对咱们俩都没有好处。这是我的想法，希望你能理解和尊重。你不能这么一下子扑上来。而且，希望你别搂得这么紧，感觉像是想把我套牢，这反倒让我更想离开了。这感觉像在夺走我的力量，而我个头比你小，不希望每次拥抱的时候都有这种感觉。"

我站在那儿，眺望窗外，静静等待世界崩塌，因为我刚刚大声承认了自己内心的痛苦，打破了世间所有的潜规则。这些潜规则告诉我们，和平是建立在女人逆来顺受和强颜欢笑基础上的；无论发生什么事，都要以感恩的心面对；必须假装自己更需要爱，而不是自由。我站在那儿，恐惧和激动交织在一起。从十五岁起，我就一直渴望说出这些话。今天，我终于说出来了，终于展现了真实的自我。我或许是个浑蛋，但我自由了，始终被压抑的自我挣脱了束缚。内心感受是无罪的，因为它们是我真实的感受。

我想，也许我压根就没错，也许只是我思维方式不同，喜欢另外一种拥抱方式罢了。也许让丈夫知道这个并没有什么大不了的。也许丈夫正想知道呢，因为他希望让妻子感到安全、温暖、快乐。当然也可能不是，也许他早就知道了，但认为自己的需求更重要，可能会反感我刚才说的话。但当克雷格松开双臂的时候，我心想，宁可永远失去他，也不要伤害自己。我只知道，我再也不会抛弃自己了。这个念头让我吃了一惊，吓了一跳，但同时又备感安慰。我在这里，克雷格。这是真实的我。真实的我不喜欢你的拥抱方式。宁肯你恨真实的我，也不要你爱虚假的我。

　　克雷格开口的时候，我的脸还冲着洗碗池。他说："我很理解你会这么想。我抱你之前，看见你站在那儿，心里突然好怕，怕会失去你。每天我都好怕你会一去不复返，只想紧紧抓住你。我本该告诉你我的感受，而不是一把抓住你的。"

　　第二天早上，克雷格在我桌上留了张字条："嗨！中午一点在厨房里来个午餐拥抱可以吗？"一开始我觉得有点丢人——我们的关系竟然走到了这一步。用字条发出拥抱邀请？但我马上就释然了，因为我们的关系确实走到了这一步。我觉得很有安全感，觉得自己的渴望和需求得到了重视。中午一点，我走进厨房，克雷格看着我说："谢谢。我不会提出其他任何要求，只要陪我待一分钟就好。"他张开双臂，我投进他的怀抱。他轻轻搂着我，给我

留出了充足的呼吸空间。过了一会儿，他松开手，让我决定还要抱多久。我也松开了手。这个过程其实挺尴尬的，但让我很有安全感。我们在关注彼此的感受。

几天后，桌上又出现了一张字条。那是孩子们的美工彩纸，还用蒂什的贴纸做了装饰。那是一份邀请函，克雷格想带我来一次真正的约会。上面写着，他已经跟保姆约了时间，还在餐馆订了座，但如果我还没准备好，所有安排都可以取消。他画了三个方框，分别代表"接受""不接受"和"不确定"，请我在里面打勾。我在"接受"上面打了勾，然后把邀请函放在克雷格桌上。

正式约会的那天晚上，刚刚坐下，我就看出克雷格一直在练习怎么提出恰当的问题。首先，他问了我和某位同事现在关系怎么样，然后问起了一位正在接受化疗的老朋友。我回答的时候，他全神贯注地倾听，就像我在递给他一份珍贵的礼物。我们隔着餐桌，面对面坐着，全身心投入当下。那是一种全新的感觉。但即便如此，离开餐馆回家的时候，我们还是松了一口气。毕竟，沙发才是这场约会最迷人的部分。我们送走保姆，换上睡衣，打开电视。我躺在克雷格身边，他则扭过头来看我。我们彼此贴近，他紧盯我的眼睛，我心跳开始加快。我一直觉得持续的眼神交流很像窥探和控制，就像有人在逼我展现真实的自己，不管我有没有做好准备，但这次眼神交流让我头晕目眩，情难自抑。于是，我决定找回对身体的控制，拍拍克雷格的肩膀，扭过头继续看电视，因为这么做更安全。但我想起了"战士之旅"。保持冷静，不要离开垫子，不要冲出门外。如果你能在酷热的孤寂中静坐 1.6

秒……我继续盯着克雷格棕色的眼眸，只觉得心潮澎湃，头重脚轻。那就像过去寂静和音乐给我的感觉，简直让人难以忍受。我内心有些东西在悄然改变。

突然之间，我有种想吻克雷格的冲动。我简直难以置信，但和身体反复确认后，发现那竟是真的。我整个人都慌了。我当然不能吻克雷格了，因为亲吻意味着进一步的亲密接触，所有用来保护自己的铁栏杆都会消失。我感觉自己化成了无数碎片，不在自己的眼睛里，不在克雷格的眼睛里，也不在我们所处的空间里，而是钻回了脑子里。但这一次，我没有独自一人迷失，而是邀请克雷格进来做伴。我说出了内心的感受："我现在想吻你，但我很害怕，因为我不希望有进一步的亲密接触。我需要控制这段关系发展的每一步。"

"好的，"他说，"我明白你的意思。我不会轻举妄动的。决不，除非你主动提出。我希望你觉得安全。"于是，我吻了他。我们穿着睡衣，靠在沙发上，再一次坠入爱河。

第十五章

永远不要活在别人的世界里

真正活得漂亮的女人，从不轻看自己，也不傲视他人，而是永远活得热气腾腾，永远有着为之热血奋斗的事业和生活，这是经历过才懂得的人生体悟。

我希望每一个女人面对生活的种种挑衅，或因为自我独立而从容不迫，或因为内心丰富而冷眼不屑；希望我们无论何时何地，都能保持自在洒脱的姿态，拥有做美人的底气。

开春的第一天，阳光和煦，凉风习习。这天也是我的三十八岁生日。从克雷格坦白出轨算起，已经过去十八个月了。他搬回家也有十二个月了。我迎着晨光，眯起眼睛，在操场上寻找阿玛的身影。找到了！十号！她跑得非常努力，但完全碰不到球。她眼睛一直盯着球，每隔一会儿就大喊"传过来！"但跟球老是隔着五六米，队友显然不会传球给她。那天吃早餐的时候，阿玛承认了我们早就知道的事：她一点也不喜欢踢足球。她说，踢来踢去的无聊透了。我问她是不是不打算踢了，她却摇摇头。为了能吃到零食，她会继续英勇作战的。我觉得这蛮有哲理的——生活中同样有很多踢打挣扎，但零食让一切变得能够忍受。或许克雷格说得对：关于生活，体育竞技能给人上宝贵的一课。

　　克雷格教练在场边来回巡视，盯着球场上可爱的孩子们。在足球场上，他显得比在其他地方更高大，更自信。有个孩子把球踢进了自家大门，他哈哈大笑，竖起大拇指，然后冲进场内，帮三个孩子系鞋带。接着，只听他大喊："德鲁！还在比赛呢！别爬门柱！先踢球，索菲亚！待会儿再抱！"我看着鼓掌助威的家长们，发现大家都很放松，也很开心。球场上的孩子们都兴奋不已，满脸骄傲，没有一丝焦虑。我转身望向克雷格，只见他晒得黝黑的双臂抱在胸前，挂在脖子上的裁判哨左摇右晃。我想，他真像个指挥官啊。孩子们跑来跑去，乱踢乱打，又喊又叫，本该是一团乱，但在克雷格温柔体贴、极富技巧的指挥下，一切都是那么和谐，构成了美妙的乐章。看在上帝的分上，克雷格教练在场上简直棒极了！

本赛季刚开始的时候，阿玛一位队友的妈妈用胳膊肘捅了捅我："那是我朋友乔安，她孩子不在球队里，她是专门过来看克雷格教练的。咱们可算是最幸运的足球妈妈了吧？"接着，她又冲我眨了眨眼。从那以后，我在赛后都尽量躲着克雷格，免得那个可怜的女人发现克雷格是我丈夫后觉得尴尬。但我现在发现，这绝不是特例，所有孩子的妈妈都对克雷格青眼有加。她们当然会这样了！毕竟克雷格英俊又温柔，还那么关心孩子，谁会不对他青眼有加？

阿玛的球队输了七个球，但克雷格赛后训话时却显得毫不在意。他蹲下身子，被孩子们团团围住。我看见一个满头黑色卷发的小女孩伏在他左膝上，阿玛则炫耀似的一屁股坐在他右膝上。她就像只好妒的小猴子，紧紧搂着克雷格的脖子，像是在说"这是我爸爸"。克雷格亲了亲她的额头，然后跟其他球员击掌庆祝。我跟其他妈妈一起往前凑了凑。有个女人看见我的眼神，冲我眨了眨眼睛。我简直受够这心照不宣的眨眼了，真想挤开旁边的人冲进去，也在克雷格的膝头占据一席之地。突然之间，我开始幻想自己把克雷格拉近，温柔地亲吻他。一股暖流顺着身体向下蔓延，让我情难自抑。但一眨眼，幻象和欲望都消失了。我失落地站在那儿，心中很不是滋味。

阿玛和队友们大喊一声"加油"，接着那群穿橙色队服的小家伙们就散开了。克雷格准备去执教蔡斯的球队。我远远望着克雷格脱下身上的球衣，换上另外一件。在光天化日之下看见他的腹肌和胸肌，我突然一阵慌张。他的皮肤是那么光滑细腻，完美无缺，我只觉得一股微弱的电流通遍全身，只想穿过操场跑到他跟前，把手按在他的胸口上，对所有仰慕他的妈妈们大吼，这是我男人！等等，什么？我男人？我是谁啊？某个跟人争风吃醋的小女孩吗？我简直不认识自己了。在短短一小时里，我先后体验到了嫉妒、怦然心动、亲吻的冲动和……强烈的情欲，就像心弦被什么东西拨动了。身体纠缠着我，就像孩子们有所期待时纠缠妈妈一样。我的身体在渴望着什么。我知道它有所渴望，但渴望的是什么？克雷格吗？

几个月前，安问我："克雷格有哪点吸引你？"

见我一脸迷茫，她便换了个说法："你欣赏克雷格的哪些地方？"这个问题我也回答不上来。我已经失去了对克雷格的欣赏，所以不觉得他有哪点吸引我。现在我怀疑，这种怦然心动的感觉里就藏着两个问题的答案。我望着他，心想，现在我欣赏克雷格的哪些地方呢？他的执教能力？自信？领导力？也许吧。也许是对孩子和家长温柔体贴？耐心开朗？等等，我到底是欣赏他的执教能力和温柔体贴，还是欣赏他的腹肌？女人可以欣赏男人的腹肌吗？

看着他跟蔡斯和男孩们围成一圈，我突然明白自己欣赏他哪一点了。瞧瞧他！他没有离开垫子，没有选择逃避。他虽然把事情弄得一团糟，但没有被自己的痛苦、我的痛苦和孩子们的痛苦吓跑，勇敢地留下来奋战。他同样选择了战士之旅，仍然在顽强地生活。他成为了自己的英雄。我也是。现在，我们两个英雄聚到了一起，不是两个残缺的部分合为一个整体，而是两个完整的个体建立一段关系。这就是吸引力。

我的思绪飘回了婚礼那天。我看见自己沿着走道朝克雷格走去。他站在牧师身边，面带微笑，但显然很害怕。他还没有做好准备。我们何时为生活的馈赠做好过准备？现在我能看得出，他西装革履地站在那里，身上有一切我恨的特质——犹疑、软弱、不忠、病态。但与此同时，也有一切我爱的特质——满怀希望，充满勇气，尽管害怕，但还是出现在了婚礼上。他只是个凡夫俗子，但我不希望他是凡夫俗子，希望他完美无缺、稳重可靠、无比强大，好让我能破罐子破摔，继续软弱下去。其实，我们都是这些特质的混合体。"我只想知道，她在了解真实的我以后，还会不会爱我。"他曾在咨询师面前这么对我说。我想起爸妈坐在沙发上，痛心疾首地问我："你到底爱不爱我们，格伦农？"爱，当然爱。在所有人当中，我是最能体会这一点的：你可以深爱某些人，同时反复伤害他们。我深知，爱和背叛可以同时存在。我在婚礼上走向的那个男人，会不会正是我的真命天子？我是不是在朝可以共患难的伴侣走去？朝自己走去？

走到地毯尽头，克雷格牵起了我的手。他知道我有多糟糕，但还是娶了我。我以为他是完美无缺的，所以嫁给了他。相比之下谁更勇敢？在幻象中，我看见我们握住彼此的手，突然感觉温暖极了。我已经很久没有感觉如此温暖了。温暖和欣赏相互交织，感觉很像是爱。

我曾感到愤怒和羞耻，因为自己的婚姻远远说不上完美。但完美的意思其实是顺其自然。如果婚姻的本意是两个人共同成长，那么，我们这段坎坷的旅程确实堪称完美。

🌂

我的脑海中突然蹦出一个念头：今天我要跟克雷格做爱。这是我的想法，是身体跟头脑和灵魂一起做出的决定。如今，我的身体也能做决定了。我感到一阵恐慌。如果身体又背叛我怎么办？我能信任身体吗？如果它让我献出真心，克雷格却弃如敝履怎么办？头脑做出了回答：他会怎么对待我的爱，不是我的问题，也不是我该关注的。身体想要付出并收获爱，我准备听从它的指挥。问题不在于信不信任克雷格，而在于信不信任自己。

那天下午的晚些时候，克雷格送孩子们去邻居家玩，然后回家冲澡。他在浴室里冲澡的时候，我溜进卧室，脱光衣服，钻进被窝，捂得严严实实的，免得被他看见。躲在被窝里的时候，我只觉得既荒谬又鲁莽。听见克雷格走出洗手间，穿过房间，我便把脑袋探出被子，发出小老鼠一样的吱吱声。上帝啊，我简直像个三岁小孩！见我躺在被子底下，他惊讶地扬起了眉毛："嘿，怎么了？"

"我也不知道，"我回答，"我在这里，在被子里。"这一点也不性感，我心想。没错，这跟性感半点也不沾边。

但"性感"到底意味着什么？我想，也许正是"性感"这个词，导致我对性充满不信任。性感就是成熟女性假装性感内衣是正合心意的情人节礼物，其实那不过是把自己的身体送给丈夫做回礼的包装罢了。性感就是假装肚子不饿，宁可饿着也不多吃一口；性感就是染一头金发，脚蹬高跟鞋，弯腰翘臀打台球，或者做诸如此类一点也不舒服的事；性感就是只认可一种体形和一种发色，一辈子顾影自怜，毫不关注现实世界；性感就是推销员说什么能让人永葆青春，便不经大脑统统买下来……为了追求这种所谓的"性感"，我浪费了整整二十年时间。但此时此刻躺在床上，我意识到是时候做点改变了。所谓的"性感"过去一直毒害着我和丈夫，但以后再也不会这样了。我要试着用自己的本来面目，不加任何伪装地跟丈夫做爱。或许我没必要因为讨厌"性感"这个词，就连带着讨厌性爱本身。或许我可以找到自己的性感之道。

克雷格还站在那儿，等我接着往下说。我们已经整整一年半没有真正碰过彼此了。在两个人都脱胎换骨之后，我们还没有碰过彼此。我在他脸上看到了恐惧，也感到了自己内心的恐惧。我提醒自己，恐惧和神圣是相伴而生的。"没关系的，我也害怕。来吧。"我催促道。

"我不能过去，"克雷格指了指浴巾，"我底下什么也没穿。"

"我知道，没关系的。"我说。他慢慢走过来，任由浴巾滑下，钻进被子里，在我身边躺下。我们轻轻拥抱在一起，就像之前练过的那样。我发现我们俩都在颤抖，那种感觉很真实。我想，或许颤抖就是我的性感之道。我的目光越过克雷格的肩头，看见窗外鸟儿歌唱，阳光和煦，没有一丝阴暗、恐怖、不祥和肮脏的感觉。我们沐浴在光明之中。我暗暗祈求上天。求您了，上帝，这次不要再像以前那样了。请帮帮我吧。如果这次还不行，恐怕我这辈子都不行了。这不光是为了我俩，更是为了我自己。请帮帮我们吧。我做了几次深呼吸，发现自己没有神游天外。我记住了！

我们开始接吻。奇迹发生了——我不再想东想西，就像大脑切换了模式。这一次，我没有灵魂出窍。我不是上帝，只是凡夫俗子，可以顺其自然，感受当下，沉浸其中。此时此刻，我的身心灵三位一体了。

我听见自己在低声呢喃，不是从电影里学到的那套虚伪说辞，"哦，天哪"或"对，宝贝"之类的，而是从拥抱练习中学到的真实沟通。我说："慢一点，就是那儿。"有那么一瞬间，克雷格离开了我。他双眼紧闭，我能感觉到他灵魂出窍了。他刚一消失，我也跟着消失了。我想，如果你现在神游天外，双眼紧闭，跟我保持距离，结果证明是在想别的女人，而不是全身心跟我在一起，我发誓以后再也不会跟你上床。我向上帝发誓，如果你这么做，我会……突然之间，我又是独自一人了，恐惧猛地袭上心头。我分裂成了两个人——外面那个正在做爱的我，还有内心这个彻底孤独的我。我知道，想要保持身心合一，就得说出内心的感受，绝不能抛弃自己。于是，我说："别这样，快回来。你吓到我了。留下来，我需要你整个人，留下来。"我把克雷格拉近自己。他轻轻抱着我，紧紧贴着我，突然回过神来。我能看得出来。我们俩都摆脱孤独，合二为一了。他不再幻想别的女人曼妙的身姿，眼中只有我的性感之处。我的性感之处在于，在经历这一切后，我仍在努力尝试，仍然全情投入。

那是两个身体的交汇，两个头脑的碰撞，两个灵魂的融合，中间不存在任何谎言。

我在这里，你也在这里。我是完整的我，你是完整的你。我们在此坠入爱河。

事后，我们躺在床上，以同样的节奏呼吸。我扭头望向克雷格，看见泪水从他的脸颊上滑落。我知道，他在这里，浮在水面上，让我能一览无遗。

"这次感觉很不一样。"克雷格说。

"对啊，"我说，"这是爱的感觉。"

阿玛一只手撑在腰上，另一只手托着后脑勺，在厨房里尽情扭动。她摆了好几个姿势，嘴里嘀嘀咕咕的："我很性感，我知道。噢耶，噢耶！"我意识到这是最近一支热门流行歌曲的歌词。看着阿玛的模样，我心想，幼儿园的小屁孩从哪儿学的这么摆姿势，这么扭屁股？如果有外人看见，肯定以为我们每天晚上都去脱衣舞俱乐部。阿玛见我满脸疑惑，便停下舞步，骄傲地宣布："碧昂斯，妈妈。这个舞是从碧昂斯那学的。"只听见克雷格在隔壁房间哈哈大笑。我们都是碧昂斯的脑残粉。

蒂什，我们家的道德督察，突然冲进房间，像裁判冲球场挥旗一样大喊："下流，阿玛！性感是下流玩意儿！"

阿玛马上反唇相讥："才不是呢！"

蒂什说："就是的！性感是下流玩意儿，对吧，妈妈？"

我愣住了，这听起来很像过去二十年里我脑海里的争论。性感是下流玩意儿吗？性感是错的吗？性是错的吗？性原本再正常不过了，但千百年来，男人为了让女人顺从，对性加以妖魔化的扭曲，我们怎么可能觉得它不是错的？女儿们盯着我，等我做出裁决。我感到难以招架。这个时刻有着决定性意义——我的回复将决定两个女儿会成为什么样的女人。一个长期备受性和身体困扰的女人，怎么才能帮助女儿正确认识性？我怎么可能是回答这个问题的最佳人选？正确答案到底是什么？

低头看着两个女儿期盼的表情，我突然意识到，其实没有所谓的正确答案，有的只是故事。外界每天都向她们灌输各种各样的故事，关于性感到底意味着什么，做女人到底意味着什么。她们需要听听我的故事。不是为了让她们效仿我，而是为了让她们自由书写属于自己的故事。她们需要知道，外界展示的大部分东西都不是真的，是有害的。她们只有学会分辨谎言，才能知道何为真相。我深吸一口气，让自己放松下来，展开了一段关于女性成长的漫长对话。

我说："我认为性感是好东西，只是大多数人不清楚它真正的含义。你们想知道性感到底是什么意思吗？"

她们拼命点头，眼睛瞪得大大的，像是在说，真不敢相信，妈妈竟然张口闭口"性感"。

"我认为性感是个成年人用的词，指一个人能自信地面对真实的自己。性感的女人了解自己，喜欢自己的外表、思想和感受，不会为了跟别人攀比而改变自己。她是自己的好朋友，对自己既和善又耐心。她知道怎么用语言向信任的人表达内心感受，包括恐惧、愤怒、爱意、梦想、错误和需要。生气的时候，她会用健康的方式表达愤怒。开心的时候，她会用健康的方式表达喜悦。她不会隐藏真实的自己，因为她无愧于心。她知道自己是肉体凡胎，是上帝创造出来的样子，这个样子就已经够好了。她够勇敢，能坚持做真实的自己，也够和善，能接受别人的真实面目。如果两个人都足够性感，能勇敢和善地对待彼此，那就是爱情。性感与其说和外表有关，不如说和内心感受有关。真正的性感是展现真实的自己，在安全地带找到真爱。这种性感是好东西，因为我们每个人都渴望爱、需要爱，这种渴望和需要高于一切。

"装出来的性感就不一样了，那只是一种隐藏。真正的性感是剥去所有伪装，展露真实的自己，装出来的性感则是披上一层层伪装。很多人都在出售性感的伪装。大公司知道人们渴望变得性感，因为他们渴望爱，但知道爱是不能出售的。于是，他们在会议室里密谋：'怎么才能说服人们买我们的产品？我知道了！我们可以向大伙儿保证，这种产品能让人变性感！'接着，他们给'性感'下个符合自己要求的定义，就拿去卖钱了。你们看到的广告全是他们编的故事，说性感就是他们卖的汽车、睫毛膏、发胶或美食。我们感觉不好，是因为没有别人拥有的东西，看上去不像别人的模样。这就正中他们下怀了！他们希望我们感觉不好，这样才会拼命买买买。这招总是管用的。我们会买他们卖的产品，涂他们卖的化妆品，开他们卖的汽车，照他们说的样子扭屁股——但这么做得不到爱，因为那不是真正的性感。在性感的面具之下，人们隐藏得更深了。如果想得到爱，最重要的一点就是不能隐藏。性感是买不到的。只有学会爱自己和别人真实的样子，才可能变得性感。"

两个女儿静静地听着。我盯着她们的脸，她们也盯着我的脸。阿玛歪着头说："哦，我还以为性感就是漂亮呢。"

"不，漂亮是另一种可以出售的东西。怎么样可以算漂亮，什么人算是漂亮的，这也是由那些坐在会议室里的人决定的。漂亮的标准一直在变，如果你想变漂亮，就得不断改变自己——最后，你会连自己是谁都不知道了。

"孩子们，我想要的是美。美的意思是'充满美好'。美和外表无关，和内在气质有关。真正的美女会花时间探索万物之美，对自己有足够的了解，知道自己爱什么。她们心中充满爱，每天都让生活充满美好。"

"就像我跳舞的时候！"阿玛边说边绕着我转圈子。

"对，就像你跳舞的时候。你们看见我每天做的很多事，都是为了变美。这就是为什么我会花时间跟朋友相处，会读书，欣赏艺术品，在家里放自己喜欢的音乐，给每个房间点上蜡烛，看你们在院子里爬树，跟狗狗在地板上打滚，经常亲亲你们的头顶，每个星期都带你们去看日落。我让生活充满美好，是因为我想变美。在我眼里，你们都很美。你们朝我笑的时候，我感觉心中充满了美。"

两个女儿互相看了一眼，咯咯笑起来。

"你们会遇到很多漂亮女孩，但她们不知道怎么才能变美。她们也许一时看上去还不错，但不会熠熠发光。真正的美女是熠熠发光的。跟真正的美女在一起，你可能不会注意她的头发、皮肤、身体或衣服，因为她会给你一种特别的感觉。她浑身上下充满美好，你会感觉自己也被美包围了。在她身边，你会感到温暖、安全、充满好奇。她的眼睛会闪闪发亮，她会认认真真地看着你——因为聪明的美女知道，变美最快的办法就是汲取别人的美。每个人都有自己独特的美。最美的女人会花时间跟其他人相处，让心中充满美好。

"想变漂亮的女人只关注别人怎么看自己，想变美的女人则关注自己怎么看世界。她们会汲取世间的一切美好，然后把自己的美传递给其他人。你们听懂了吗？"

蒂什说："大概懂了吧。妈妈，就像你早上刚睡醒的时候。你那个时候看起来可糟糕了，头发乱乱的，脸也怪怪的。但一看到我，你的眼睛马上亮了起来。是因为你觉得我很美吗？"

"对，宝贝，你让我心中充满了美。因为我想要变美。"

孩子们点点头，装作理解了我说的话。这时，蔡斯在外面大声叫她们，阿玛捏了一把蒂什，跟她一起跑了出去。我站在厨房里，回味刚才对孩子们说的那番话。我想知道，自己这辈子做过的事里，有哪些是对的，哪些是错的。想要变美、变性感并没有错，错的是接受别人对美和性感的定义。我突然意识到，我需要忘记外界对母亲、妻子、信徒、艺术家和女人的定义，开始书写属于自己的新定义。我终于排清了毒素，不再渴望变成别的样子。我已经做好准备，要重新开始了。

我静静地站在厨房里，倒了杯茶，低头看着捧着马克杯的双手，还有紧贴料理台的肚子，对自己的身体说：对不起。这才是我，改过自新的我。从今往后，我一定会好好待你，因为你是外界向我的灵魂传递爱、美和智慧的容器。我的眼睛用来欣赏海湾之美，肺部用来呼吸自由的空气，嘴和胃用来感受美食和佳酿，臂膀用来接纳孩子的爱，胸膛、双腿和双手用来接受和回报丈夫的爱。你是从另一个人的港湾驶向我，为我传递爱意的航船。我曾是座孤岛，不知怎么走出去，也不知道怎么让别人靠近。谢谢，谢谢你让我学会用灵魂接受这些爱和美。谢谢你对我这么有耐心。

突然之间，我发现自己渴望更多的美，更多的爱——就像感激之情让航船变宽了，有了更大的空间。我离开厨房，走进卧室，看着自己的床，感到无比温暖。我询问自己的身体，怎么做才能让它感觉安全舒适。我想到了香味，便点了些熏香。熏香的味道让我想到上帝，当然还有性爱。于是，我打开窗户，让鸟儿的歌声提醒自己，性爱是上帝的安排，蒙受上帝的祝福，随之而来的羞耻感不过是个谎言。

接着，我走进洗手间，洗掉脸上的化妆品，停下脚步，看着镜子，发现自己的一头短发中夹杂着几缕银丝。白发和不施粉黛的面孔让我看上去年轻、清爽而脆弱，似乎对一切都没有把握。镜中的女人看上去很陌生，但她显然没有在伪装。我喜欢她。然后，我退后两步，观察自己的身体，盯着怀孕长出的妊娠纹和哺乳导致的乳房下垂。这是战士的标志，是自然的标志。这就是我，赤裸而无畏，除去一切伪装，只剩下最基本的需要，只剩下自己。从今往后，我只会向别人展示真实的自己。感谢上帝，克雷格需要的正是这样的我。

我在床上躺下，邀请克雷格过来。他缓慢、小心、虔诚地爬到我身边，开始享受上天对我们的安排。我任由自己凭借本能去回应他的身体，身心灵三位一体，就像鱼群碰上湍流时不约而同地转向一般。它们生来就知道该怎么做，对此抱有坚定的信念。此时此刻，我和克雷格融为一体，身心灵交融。我浮出了水面。完完整整的我，都沉浸在爱河之中。

后 记

我和克雷格站在海滩上，面朝墨西哥湾。夕阳西下，天空被染成绛紫和橙黄的颜色，海面一片湛蓝。我身穿小背心和毛边牛仔短裤，扎了个马尾辫，克雷格则穿着 T 恤和沙滩裤。我俩都打着赤脚，脚丫深深地埋进上层温暖、下层凉爽的沙子里，面对面，手拉手，相视而笑。这里只有我们两个人，没有牧师，没有父母，没有孩子，所以不是一场表演。我们交换了新的婚姻誓言。

我对克雷格说："我在这里，克雷格。"

克雷格笑着说："我在这里，格伦农。"

我们接吻了。

此时此刻，我们都在这里，发誓不再隐藏，要做真实的自己。今天，我们选择结合在一起。明天，即使被智慧引向不同的道路，我们也不会被毁掉。现在我们知道了，生活为我们提供了很多出路。每条路上都有独特的美和痛苦。每条路都是爱，每条路都通往救赎。

我不知道我们是会共度余生，还是会分居两地，遥寄思念。但我现在理解了什么是"爱的战士"之旅——我绝不会背叛自己。我会信任那个平静而微弱的声音，信任其中无尽的智慧，不会让恐惧将她吞没。我会信任她，也会信任自己。

　　我再也不会害怕爱、痛苦和生活。我生来注定如此。

致
谢

克雷格，谢谢你成为自己的英雄，让我们重新走到一起。

妹妹阿曼达，谢谢你回来帮助我、搀扶我、跟随我、引导我，从你出生那一天起就坚定不移地支持我。

艾米，谢谢你的战士之心，谢谢你不知疲倦地为被遗忘的人付出，谢谢你成为我们的第三个姐妹。

妈妈，谢谢您教给我爱的真谛，不知疲倦地带给我们温暖。谢谢上帝，我终究还是变成了像您一样的人。

爸爸，谢谢您让我意识到，我身上流淌着战士之血。您说得对，一切都会好起来的。

蔡斯，谢谢你让我重新踏进这个世界。你是我知道的最聪明的人。谢谢你原谅我们，始终信任我们。

蒂什，谢谢你的美让我意识到自己的美。你的优雅、坚定、诚实和善良，是我最欣赏的品质。

阿玛，谢谢你对我们纯粹而浓烈的爱，谢谢你总是对我说：我也爱你，妈妈。你的头发和颈项散发的香味，给我带来了莫大的安慰。

约翰和杰弗里，谢谢你们支持艾米，让她得以响应召唤。

鲍比和爱丽丝，谢谢你们带给我们欢乐。

乔希、德鲁和纳森，谢谢你们鼓励妈妈艾米，在生活的剧变中始终保持信念。

佩吉姑姑，谢谢您做我们的坚实后盾和领航员。

基思叔叔——现在您知道签名该签在哪页了。

*

艾莉森，谢谢你凭借敏锐的头脑让我们冷静下来。

丽兹·B，谢谢你无私的奉献和耐心。

凯瑟琳、妮科尔、梅根、艾琳、娜塔莉、卡伦、塔玛拉、克里斯汀、阿什莉，谢谢你们为改变世界投入的无尽爱意。

艾米·P，谢谢你通过镜头传达爱意。

惠特，谢谢你的耐心、聪慧和奉献，谢谢你从一开始就信任我。谢谢你每天早上发来的邮件：做得好，小格！真棒！继续加油！我对你的感激难以言表。我们注定为彼此而生。

鲍勃、丽兹、玛莱娜、莫莉、卡伦、艾米丽，谢谢你们凭借勇气、创意和奉献改变出版行业。我简直无法想象把这个故事交给别人出版。

玛格丽特，谢谢你引我上路，带我游历四方。我们的故事才刚刚开始呢。

凯瑟琳，谢谢你像亲人一样对待我们，谢谢你成为我们的家人。

詹妮弗，谢谢你的远见与热情。

乔娜，谢谢你冒着无人欣赏的风险展现自己的天赋，谢谢你勇敢地接受了我们的请求。你是唯一能将《永远不要活在别人的世界里》还原得如此活灵活现的艺术家。

*

萨拉，谢谢你向我保证，我已经够美了。

丽兹姐妹，谢谢你时时刻刻给我关爱，无论我是心情愉悦还是烦躁不安。

罗柏，谢谢你打来的电话，我终生难忘。

布伦恩和谢丽尔，谢谢你们带来的光明。

布莱恩和蕾切尔，谢谢你们温柔而坚定地坚持信仰，引领教众。

安、尼基、帕那索斯，谢谢你们为我打造舒适的避风港。

南希，谢谢你那颗包容的心，它已经成为了我们的第二个家园。

"神之女孩"（God's Girl）博主，谢谢你成为爱的战士。

*

"为母之道"（Momastery）的读者们，谢谢你们陪我度过人生中艰难的阶段。

献给所有和"共同崛起"（Together Rising）同行的爱的战士们。我们将永不停歇。让我们将爱贯彻到底，至死方休。

267

著作权合同登记图字：01—2017—5119

图书在版编目（CIP）数据

永远不要活在别人的世界里 ／（美）格伦农·多伊尔
著；王岑卉译．—北京：新星出版社，2018.9
ISBN 978—7—5133—2911—8

Ⅰ．①永… Ⅱ．①格… ②王… Ⅲ．①女性－成功心
理－通俗读物 Ⅳ．① B848.4－49

中国版本图书馆 CIP 数据核字（2018）第 072235 号

永远不要活在别人的世界里
[美] 格伦农·多伊尔 著
王岑卉 译

责任编辑　汪　欣
策　　划　好读文化
装帧设计　几何设计
责任印制　史广宜

出　　版　新星出版社　www.newstarpress.com
出 版 人　马汝军
社　　址　北京市西城区车公庄大街丙 3 号楼　　邮编 100044
　　　　　电话（010）88310888　　传真（010）65270449
发　　行　新经典发行有限公司
　　　　　电话（010）68423599

印　　刷　三河市宏图印务有限公司
开　　本　880 毫米 ×1230 毫米 1/32
印　　张　8.75
字　　数　180 千字
版　　次　2018 年 9 月第 1 版
印　　次　2018 年 9 月第 1 次印刷
书　　号　ISBN 978—7—5133—2911—8
定　　价　45.00 元